图解科技译丛

图解核能 62 问

［日］关本博 著 彭瑾 译

上海交通大学出版社
SHANGHAI JIAO TONG UNIVERSITY PRESS

内容提要

　　本书主要介绍了为什么世界要依赖核能发电、核能的重要性、核能发电的优点、核能的发电原理、核能的威力到底有多大、核能与人类的未来、核能存在什么问题以及日本大地震之后核能再运行必须理解的科学知识。全书图文并茂、形象生动，极具可读性，是大众了解核能不可多得的科普读物，也可供青少年拓展之用。

图书在版编目（CIP）数据

图解核能62问/（日）关本博著；彭瑾译.—上海：
上海交通大学出版社,2015
ISBN 978-7-313-12698-6

Ⅰ.①图…　Ⅱ.①关…　②彭…　Ⅲ.①核能－图解
Ⅳ.①TL-64

中国版本图书馆CIP数据核字（2015）第038416号

RIKOUKEI NO TAME NO GENSHIRYOKU NO GIMON 62
Copyright © 2013 Hiroshi Sekimoto
Chinese translation rights in simplified characters arranged with SB Creative Corp., Tokyo
through Japan UNI Agency, Inc., Tokyo

上海市版权局著作权合同登记号：图字：09-2014-143

图解核能62问

著　　者：[日]关本博		译　　者：彭　瑾	
出版发行 上海交通大学出版社		地　　址：上海市番禺路951号	
邮政编码 200030		电　　话：021-64071208	
出 版 人：韩建民			
印　　制：苏州市越洋印刷有限公司		经　　销：全国新华书店	
开　　本：787mm×960mm　1/16		印　　张：12.5	
字　　数：130千字			
版　　次：2015年4月第1版		印　　次：2015年4月第1次印刷	
书　　号：ISBN 978-7-313-12698-6/K			
定　　价：48.00元			

前　言

　　福岛第一核电站泄漏事故发生后，民众强烈要求放弃使用核能发电，当时执政的民主党也实行了符合民众意愿的核能政策。然而自民党在此后的众议院选举中大胜并掌握了政权，该政权表示会继续使用核能。可以说现在核能政策发生了很大的动摇，很多国民可能有必要进一步了解核能。

　　同之前较大的原子反应堆事故一样，这次事故同样被认为是人为失误造成的。经过深刻的反省与完善之后，其安全性也应该会格外提高。核能的利用一直以来都在不断扩大。人们对因人为失误而导致发生重大事故的可能性持担心的态度是可以理解的，也有人做出了不受人类失误或者故障影响的原子反应堆的提案。

　　考虑到核能的超强能量，现在日本即使放弃核能发电，将来人们肯定仍会利用核能。特别是考虑到对宇宙的探索，对于进出宇宙来说，核能几乎是唯一的能源。除核安全问题之外，还存在废弃物、核扩散、核劫持等问题。因此，将来如何利用下去成为重要的问题。

　　本书就以上相关内容进行了简单明了的说明。不过就某些科学问题仍需要详细的说明。科学问题是基础，如果不好好说明的话，就无法理解，甚至造成误解，因此本书将从基础开始说明，稍微有点冗长，请海涵。

　　由于science·eye新书中没有与核能相关的书，于是5年前策划了本书。在福岛第一核电站事故之前，核能开发呈现出强劲势头，很多人对核能开发表示担心。编辑部进行了调查问卷，就普通人对核能的了解程度、对核能的看法进行了调查。结果显示，大部分人都不怎么了解核能，并且对此十分担忧。我收到的企划书起先是这样写的：

"大家希望知道的核能的30个疑问——真的安全吗？是否可以抗大地震？发生事故后对人体有什么影响？"后面又列举了24个问题。因此，本书将基于这些疑问进行回答。

问题尽量保持原封不动，不过考虑整体的平衡进行了调整并增加了更多内容。这些问题中，将"真的安全吗"去掉，增加了"能够制造更加安全的原子反应堆吗？"也许编辑对"安全"这个词的定义都茫然费解吧。为此，本书就安全相关内容进行详细说明。以"更加安全的原子反应堆"的提问为契机，请允许我讲解将来核能发展的可能性。

在执笔过程中，发生了福岛第一核电站事故。然而，不论是地震还是冷却等问题，我都已经写过了，其内容没必要做大的改动，还是决定通过追加关于事故的一个示例，来解答读者的新问题。此次事故，在科学领域，就是这样（实际上不要局限在事故中，事故本就是这样的）强调与人相关的部分，因此还是多写一点与人相关的内容吧。

普通民众对于核能科学，知之甚少。这一点通过调查结果反馈得更加清楚，因此我以核能科学为基础进行了说明。将基础知识好好讲解之后，就能够很好地理解核能了，我想这对学习其他领域的知识也是有用的。本书中，当然不仅仅是基础知识，就核能科学的部分也进行了详细的说明。与其说核能是科学，倒不如说核能还涉及人类、组织、社会等方方面面的难题。关于核能的这些问题不能避而不谈。因此，本书尽可能地用科学家的观点就上述难题进行了说明。

不说明难题，可能会令我的书更好理解。然而在本书中，只要是重要的不管是不是难点全部写进去了，我会努力选择更加通俗易懂的表达方式来促进读者的理解，因此可能会有一些比较难懂的地方，请见谅。我以前对一些人进行小规模演讲的时候，曾有人说理解了我的意思，这次我也期待能有这样的效果。

所谓更详细地理解核能，并未期待那些原本反对核能的人会变得赞成核能。即使对核能详细了解过后，也依然会有反对的人、担心的人。我可能无法完全消除大家的这种心理。我只希望那些不了解核能就提出赞同或者反对意见的人，能够在理解本书的内容之后再提出赞同或者反对意见。我想了解本书内容之后，赞同或反对的观点很可能会发生变化。然而在深入掌握相关知识后，其后的想法可能就不会轻易变化了。

关于未来的核能，是我的专业，我对其进行了长年的研究。不过这样的研究有各种各样的理由，基本上都没有公之于众。本书问题中包含了这样的内容，我也稍微写了一点。然而，从整本书的平衡上来看，只是写了一点点。如果有很多读者关心这个的话，我要再找个机会就我们称之为"创新核能"的未来核能写一本书，在那本书里再进行详细的描述吧。

迄今为止，只要是对人类有用的都可以利用。我认为核能不管是好还是坏，其出现就是为了供人类利用的。如果是这样，我认为，为了真正有助于人类，就应该绞尽脑汁思考利用的方法。希望通过本书的阅读，大家对核能科学有初步的理解，关心未来将如何对其更巧妙地利用。希望大家能够对这些问题进行挑战，哪怕只有几个人，实为幸事。

关本博

CONTENTS

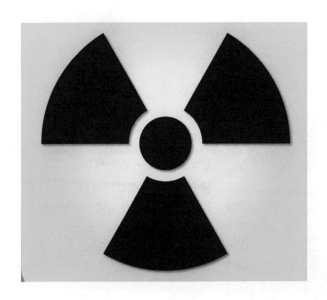

CONTENTS

第1章

核能的能量
有多强大?

首先在第1章里,我们从核能的发电基础、原子核和核反应、核裂变、核能的强大威力与火力发电的差异等开始学习。希望理工科、特别是物理专业的学生,准确地掌握每一个知识。

Q01 力、功率、能量有什么区别呢?

核能被写作"原子之力",同时也被称作重要的能量。很多情况下是用输出功率来表示原子核反应堆的能力。此外也有功率(power)、功等词语。类似的词语有很多比较复杂,所以在开始本问题之前,让我们先谈一下这些词语的不同之处。

力、功率(power)、能量(energy)等词语在日常使用中意思相同,不过在物理上则是不同的量。学习物理就会知道,物理量经过严格的定义,能够找到这些物理量的各种法则,甚至可以用公式等表示这些法则,通过对其进行数学展开,那些仅从直观上无法理解的各种新法则就会变得非常清晰明了。关于物理量的

相似的词汇太多,真麻烦

力、功率、能量是不一样的物理量。做功产生能,用能做功,做功与能量被认为是一样的。发电等情况下会使用输出这个词,这不是力,而是功率。

图1-1 意义相近的语汇

定义先说这么多，下面具体来看一下。

首先，我们从物理教科书上的内容开始。用力 F 使重物沿 F 的方向运动距离 x，这时力 F 做的功为力的大小 F 和距离 x 的乘积 Fx。功虽然是我们平时常使用的词汇，然而物理学家对此进行了仔细研究之后对其做了如此严格的定义。应该有人感觉这同我们日常使用的功稍微有些不同吧，物理上出现的量（物理量）需要进行严格的定义，因此才变成这样的。只有进行了严格的定义，才能够继续开展严格的讨论，才可能研究更深的理论，这同数学是类似的。在数学上以所需要的定义及少量的公理为出发点，展开逻辑推理，从而衍生出很多其他的内容。本书所使用的物理量，均以其物理定义为基础。即使物理定义的量同日常使用的量稍微有些不同，也不要太在意。

能量枯竭这个词在新闻报道中大量使用，这是报道领域使用的定义，一般人对此也并未抱有什么疑问。然而物理所定义的能量绝不会消失。能量有很多种，应该说对人类有益的能量正面临着枯竭才正确吧。

我们之前举的功的例子中，可以说使用的能量是 Fx。也就是说功是能量的一种表现方式。这应该是我们在物理课上学的内容，也就是著名的能量守恒定律。由于功并不守恒，从这种意义上讲，所谓力 F 使重物运动距离 x 时所做的功，是某些能量作了 Fx 的功，从而变成了其他的能量。在将物体提起来的时候，势能增加；在地面推的时候，功的能量有相当一部分在摩擦作用下转化成了热能。

功率是单位时间所做的功，所以从这个意义上来讲被称为功率。原子核反应堆经常使用输出功率来表示其能力。现在广泛使用的原子核反应堆是将核裂变产生的能量转化成热能,再进一步转化成电能加以利用。因此将热能的发生率称为热输出功率、将电能的发生率称为电输出功率,从而加以区别。

为了进一步具体地理解能量和功率的不同,我们以小电灯泡为例来说明一下。如图1-2所示,将5瓦(W)的小电灯泡接上蓄电池。5瓦通常称作小电灯泡消耗的电力,在此称作功率。如果能够持续亮灯1小时(h)的话,该蓄电池就积蓄了5瓦时的能量。这里,能量的单位用功率的单位瓦和时间的单位小时的乘积表示。能量的单位有很多,物理上经常使用的单位是焦耳,由瓦乘以秒得来。1小时为3 600秒(s),所以5瓦时就是18 000(=3 600×5)焦耳(J)。经常使用的能量单位还有很多,我们遇到时再进行说明。

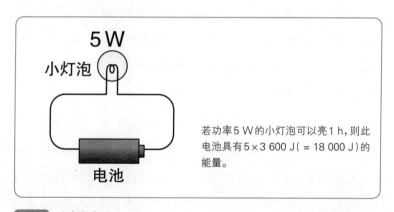

若功率5 W的小灯泡可以亮1 h,则此电池具有5×3 600 J(= 18 000 J)的能量。

图1-2 功率和电池

关于能量,就像我们已经说过的那样,能量守恒这一基本定律是成立的。能量可以转换成各种类型,总量保持不变,然而经过反复转换,再变回原来种类的能量时,比最初的量会少一些,少掉的那部分转化成了其他种类的能量。此时,无法转化成原来种类能量的转化后能量，其价值比原来种类能量的价值低。从这点可以看到，能量中存在价值，在每次转化时，价值总量会减少。该定律在物理学中被称作熵增定律。

我们在使用能量的时候，通过将高价值的能量转换成低价值的能量来获得功或者照明。即所谓能量（能源）不足或者能量（能源）危机意味着高价值能量逐渐减少。

图1-3为火力发电的能量转换例子。此例中，最初积蓄在燃料中的化学能通过在锅炉中的燃烧转换成热能，最终通过发电机转换成电能。电能比热能减少了，热能无法全部转换成电能，只能按照转换效率的比例进行转换，此时不能转换的热能变成更低温的热能，通过冷却冷凝器的冷冻剂，丢弃到外面。

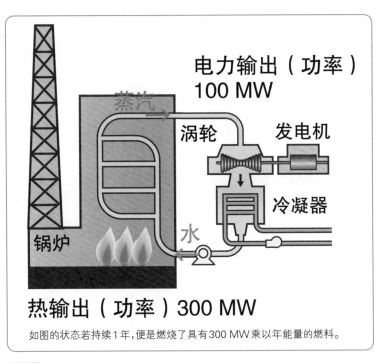

电力输出（功率）
100 MW

蒸汽

涡轮 发电机

冷凝器

锅炉 水

热输出（功率）300 MW

如图的状态若持续1年，便是燃烧了具有300 MW乘以年能量的燃料。

图1-3 能量转换

价值的高低一般同温度有关系,温度越高价值也越高。原子核中蕴含的核能的能量相当于100亿摄氏度高温,因此从这种意义上来说,核能是超高价值的能量。然而由于现实中还无法直接利用如此高温的能量,只能如同火力发电一样,将其转化成数百摄氏度的蒸汽热能,通过转动涡轮转化成机械能之后,再通过发动机的逆原理转化成电能进行利用。这是现在一般的利用方式。

在详细说明"何谓原子力(能)"的这一提问之前,让我来谈下蕴含超高温能量的原子核吧。

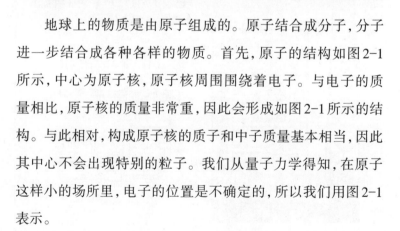

Q02 所谓原子核是什么呢?

地球上的物质是由原子组成的。原子结合成分子,分子进一步结合成各种各样的物质。首先,原子的结构如图2-1所示,中心为原子核,原子核周围围绕着电子。与电子的质量相比,原子核的质量非常重,因此会形成如图2-1所示的结构。与此相对,构成原子核的质子和中子质量基本相当,因此其中心不会出现特别的粒子。我们从量子力学得知,在原子这样小的场所里,电子的位置是不确定的,所以我们用图2-1表示。

图2-1中,原子和原子核的大小之比与实际相比是大不一样的。同原子的直径相比,原子核的直径为10^{-5},即10万分之一的大小。也就是说,即使放大画一个直径1米大小的原子,原

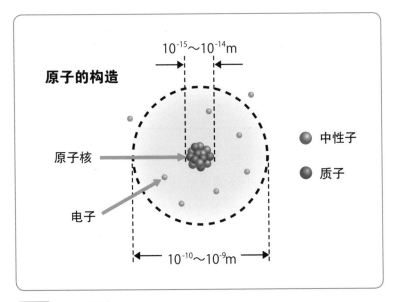

原子的构造

$10^{-15} \sim 10^{-14}$m

原子核

电子

中性子

质子

$10^{-10} \sim 10^{-9}$m

图2-1　原子的结构

子核的直径也只能是1毫米的1%,无法画出一个让我们可以用肉眼识别的大小。

原子核由质子和中子构成,如同我们画的示意图那样,不过实际也同样不是我们所看到的样子。我们只是用这个来表示质子和中子是聚集在一起的。

中子、质子、电子的主要性质如表2-1所示,质子和电子刚好带有相同大小的正负电荷。通过库仑力,电子得以维系在原子核的周围。稳定的原子中,质子和电子数量相同,整体上呈中性。质量单位的MeV本来是能量的单位,正确的名称应该是兆电子伏,按照其发音我们读作MeV。在此我们使用了著名的爱因斯坦"质能等价定律"。关于能量单位,我们在之后的核反应相关内容中再进行仔细说明。

表2-1 中子、质子、电子的主要性质

粒子	电荷	质量	半衰期
中子	0	939.57 MeV	10.6 min
质子	1	938.28 MeV	无限
电子	−1	0.51 MeV	无限

　　在这里我们可以看到,中子和质子质量基本相当,一同被称为核子,比起核子,电子的质量只有其2 000分之1。也就是说,原子核的质量占了绝大部分原子的质量。当详细观察质量后可得知,中子的质量比质子和电子的质量相加还多一点,因此从外部施加能量的情况下,中子也可以在不违反能量守恒定律的前提下自然而然地分解为质子和电子。

　　能量守恒定律对判断能否分解是极为重要的。我们为初次听到这一说法的人们制作了原理图,如图2-2所示,请试着思

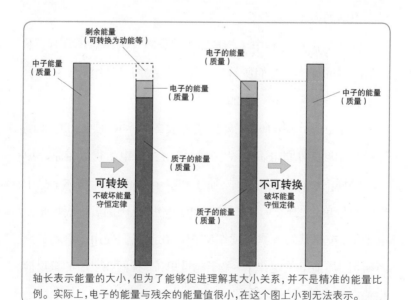

轴长表示能量的大小,但为了能够促进理解其大小关系,并不是精准的能量比例。实际上,电子的能量与残余的能量值很小,在这个图上小到无法表示。

图2-2 中子可以衰变成为质子和电子(反应不可逆)

考一下。实际上还会产生几乎没有质量的中微子这一基本粒子,但由于超出了本书的研究范围,故此处省略。

假设存在很多粒子,在经过某时间T时,该粒子的数量会减少到一半。这种情况下,该时间T就被称作半衰期。中子的半衰期约为10.6分钟(min),如图2-3所示。虽然中子的质量比质子和电子质量之和要大,但也只大了0.08%,因此中子大约有10 min左右的半衰期。

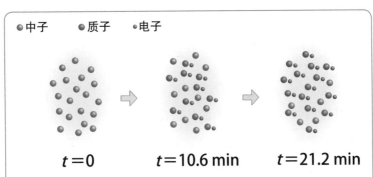

● 中子　● 质子　● 电子

$t=0$　　　$t=10.6$ min　　　$t=21.2$ min

经过半衰期(10.6 min)的时间,中子数减为一半,丢失的中子变为质子和电子。由于无法预测哪个中子崩溃,一半只是粗略的说法,严格来说并不是一半。如果宇宙大爆炸的最初中子和质子各占一半的话,那个状态就是$t=10.6$ min的状态。

图2-3　中子衰变的半衰期

宇宙在137亿年前大爆炸开始时,基本上出现了相同数量的质子和中子。在中子消失之前,即在大约10分钟时间内,大部分比例的中子和质子相互碰撞、结合得以形成氘核。这些粒子进一步结合构成了氦。由于出现了这些适当数量的稍重的粒子,在经过非常长的岁月之后,这些重粒子在万有引力的作用下集结在一起,形成了巨大的恒星,引起了超新星爆发,由此产生了更重的粒子,这些粒子集结在一起形成了地球,由表面复杂的分子构成的智慧生命体便也诞生了(见图2-4)。最近也出现了很多新的理论,但这有些太偏离我们的题目了,我们在这就不多说了。

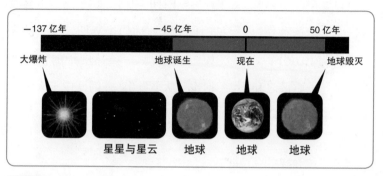

图2-4 宇宙和地球的历史

一般认为,如果中子半衰期比这个时间短的话,质子和电子充其量以氢原子、氢分子的状态在宇宙中分散着存在。相反如果半衰期更长且中子更加稳定的话,就容易产生黑洞,闪耀的太阳就会消失,便很难出现智慧生命体。中子的半衰期是10.6分钟,这对人类的存在来说是非常重要的数值。在我们后来将会谈及的维持原子核反应堆的运转所需要的核裂变的链式反应方面,这一数值也足以支撑了。

在大约10分钟的半衰期作用下,很明显中子无法在自然界中单独存在,但可以存在于原子核中。然而在原子核中,质子和中子通过互换电子,反复转化。这一说法严格来说并不正确,实际上如我们后面所要讲的,质子或中子是由上下两种共3个夸克构成。如果说是夸克通过交换同电子一样具有一个电荷的重玻色子的话就稍微正确了些。不过如此变换,质子和中子各自的数量不会发生变化。

若质子和中子的数量确定了,原子核便也确定了。对于原子来说，用于表示其种类的词语为元素，与此相似，用于表示原子核种类的词语为核素，核素表示为 $^A_Z X$（见图2-5）。在这里，X 为元素记号，如氢用H表示，铀用U表示。Z是质子的数量，这同原子编号是相同的。如果知道元素的话，原子编号也就知道了，所以在很多情况下，在书写核素记号时都被省略了。A是质子与中子的总数，由于其同原子的质量基本成比例，所以也被称作质量数。相同元素不同质量数的核素被称为同位素。

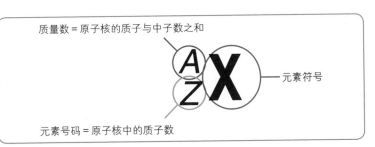

质量数 = 原子核的质子与中子数之和

$^A_Z X$

元素符号

元素号码 = 原子核中的质子数

图2-5　原子核种类的表示方法

　　为了进一步熟悉核素的记号，再举一个例子。在核能领域比较熟悉的铀中有 $^{235}_{92}U$ 和 $^{238}_{92}U$，钍天然存在的只有 $^{232}_{90}Th$，我们熟知的氢的三个同位素分别为 $^1_1H,^2_1H,^3_1H$。多数情况下 ^2_1H 被称作氘（单指原子核的时候被称作氘核），用D表示，^3_1H 多数情况下被称作氚，用T表示。

Q 03 何谓核反应? 同化学反应有什么区别?

　　如之前所述，同电子相比，质子和中子被密闭在 10^{-5} 的狭小区域里。所以，根据量子力学的不确定性原理"基本粒子的位置的不确定性和它的动量的不确定性成反比例"，因此质子或者中子的动量是电子的大约10^5倍。动能是动量的平方除以质量。考虑到质子或者中子的重量是电子的2 000倍，原子核中的质子或者中子的能量是围绕在原子核周围的电子的5×10^6倍。原子、原子核的大小与其内部粒子的动能关系如图3-1所示。

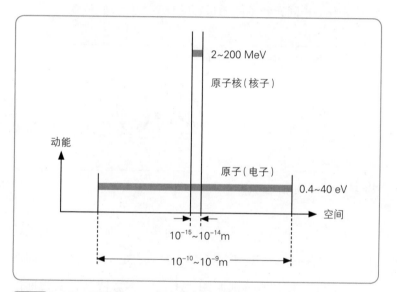

图3-1 原子、原子核的大小和其中粒子的动能

我们使用不确定性原理说明了原子和原子核内部的能量不同。直观上可能比较容易理解的是，为了将其密闭在狭小区域内，需要更强的力。同原子中将电子密闭起来的库仑力相比，原子核中将核子密闭起来的力是极强的力，我们称其为核力。原子核中的核子以及原子中的电子在各自的力场中运动。同电子相比，相互作用力比较大的核子所处区域非常狭小，相关能量便会非常大。运动能量以此能量为上限进行变化，可以说这同

我们之前所说的是一样的。

我们已经说明了原子核中的核子的动能是非常大的。实际上即使与如表2-1所示的质子和中子的质量相比，其大小也是不容忽视的。我们已经说过，能量和质量是同等的（成比例的），因此原子核的质量明显不同于构成它的质子和中子质量之和。

拥有质量大于构成原子核的核子质量之和的核素，释放其能量就会很凌乱。实际上，世界上并不存在这种变得凌乱的原子核。世界上稳定存在的原子核的质量如图3-2所示，同构成的质子与中子的质量之和相比要稍微小一点。这种质量的差异被称作质量亏损，作为能量来说也被称为结合能量，当然结合能量因原子核不同会呈现不同的数值。

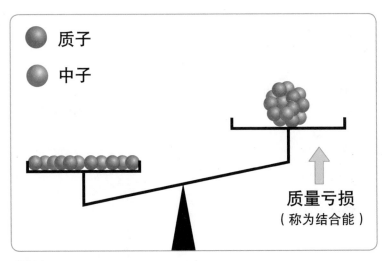

图3-2　结合之后质量变轻

原子结合构成分子，分子和原子核如图3-3所示发生反应。分子反应被称为化学反应、原子核反应被称为核反应。在核反

应中多个(考虑2个就足够,3个以上的碰撞基本上没有,可忽略)原子核碰撞引起的反应被称为狭义上的核反应,单个原子核破裂的反应被称为衰变。请注意本书中所说的核反应通常是指狭义上的核反应。反应的种类非常多,然而何为反应?我们举个例子来对其一部分进行说明。在化学反应中,围绕在原子核周围的电子的状态会发生变化,而在核反应中,原子核内部的质子或者中子的状态会发生变化。

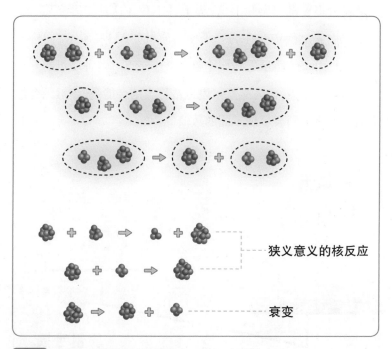

狭义意义的核反应

衰变

图3-3 化学反应和核反应的例子

在核反应前后,原子核的构成发生变化,单个原子核的结合也会发生变化。在反应前后,总结合能量也是不同的。反应后,总结合能变大的情况,说明多余的能量变为新生成的原子核的动能,这被称为发热反应。与此相对,总结合能减少的反应被称为吸热反应。如果不施加能量,吸热反应就不会发生,而发热反应则释放出能量。

我们倾向于认为发热反应会很容易发生,其实并不容易。仅用反应开始和反应结束时能量相比较是不够的,也需要考虑反应过程中的状态。如果反应过程中的状态比最初的状态更难实现的话,只有满足其条件才会发生反应。核反应中,使2个原子核相互碰撞非常困难,因为原子核都只带有正电荷,因此会发生电磁反应。如果考虑到原子核的大小只有原子大小的10^{-5},库仑力同粒子间距离的2次方成反比,我们就会知道碰撞很难发生(见图3-4)。

化学反应:分子之间的碰撞

容易产生
分子较大不用太靠近,
电更趋近于中性

核反应:原子核之间的碰撞

不容易产生
原子核很小(半径为原子的10万分之1)
必须靠得很近
具有正电荷,互相排斥

➤ 若其中一个原子核为中性,
便不存在这个问题

图3-4 原子核的电荷碰撞导致核反应困难

比起吸热反应，发热反应较吸热反应是比较容易发生的，因此所有容易发生的反应都发生了之后才有了现在的世界。核反应发生的场所是受限制的。太阳中的核聚变就是一个例子，伴随着能量产生的压力与太阳巨大质量的引力完美平衡，在极其长的时间内释放着固定量的能量。这个能量的一部分作为光到达地球，源源不断地提供给地球上生物生命活动所需的能量。

由于质子、中子的动能同电子的动能不同，核反应所涉及的参与能量大约为化学反应所涉及的参与能量的 10^6 倍。10^6 这个数字为百万（million）级的数字。因此稍微忽略一些误差的话，核反应的能量是化学反应能量的百万倍。化学反应的参与能量用 eV 的单位来表示，而核反应通常用其 100 万倍的 MeV 单位来表示。M 表示百万，同 k 一样是用于单位之前的词语。

1 eV，是在 1 V 的电场中电子加速所获得的能量。这里所提及的能量与中子、质子、电子等离子的运动能量相关。这样的粒子有很多，通过相互反复碰撞从而达到平衡状态。在这种状态下的粒子的运动能量有很多的数值，分布于平均值左右，此分布被称为麦克斯韦分布，其平均能量与温度成比例，如图 3-5 所示。粒子的平均能量为 1 eV 时，其温度会为 1.16×10^4 K。这里 K 读作开尔文，是绝对温度的单位，减去 273.15 后便是摄氏温度。常温 300 K 时，粒子的平均动能为 0.026 eV。常温虽然平常会使用，但真正定义时是一个不确定的值，用能量表示的话一般为 0.025 eV，所以我们这里也使用 0.025 eV。本书一开始说过核能的能量相当于 100 亿摄氏度高温的能量，想必大家读到这里也能了解很多了。

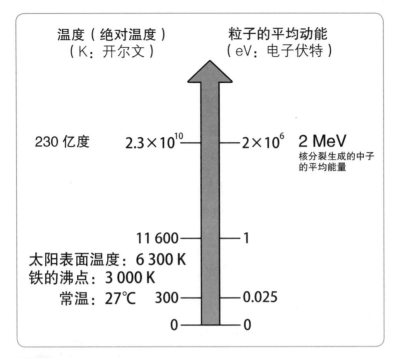

温度（绝对温度）　　　粒子的平均动能
（K：开尔文）　　　　（eV：电子伏特）

| | | |

230 亿度　　　$2.3×10^{10}$　　　$2×10^6$　　2 MeV
核分裂生成的中子的平均能量

11 600　　　1

太阳表面温度：6 300 K
铁的沸点：3 000 K
常温：27℃　　300　　　0.025

0　　　0

图3-5　温度可以用能量表示

在我们周围，狭义上的核反应如图3-4所示，可以说是完全不会发生的。

那么衰变究竟是什么东西呢？衰变的种类有若干种，其中有代表性的是，中子和质子的数量比不再呈现稳定比时出现的交换质子和中子的 β 衰变，以及原子核过重时为了变轻而释放出氦原子核的 α 衰变。在 β 衰变中，中子变成质子时释放出的电子和质子变成中子时释放出的正电子（正电荷的电子），被称为 β 射线。另外也常常会不释放电子而发生轨道电子俘获。经 α 衰变释放出的氦原子核也称作 α 射线。

无论衰变种类如何，衰变前的核素称作母体核素，衰变之后的核素称为子体核素。

衰变原子核构成的物质被称作放射性物质。即使放射性物质反复衰变，最终也会变为不再衰变的稳定物质。我们来看下地球的情况，经过大约50亿年前的超新星爆发，从氢、氦中产生了许多更重的原子核。此时存在很多放射性物质，然而经过50亿年之后，基本上都不存在了，只存在一些被极度限制的半衰期比较长的铀以及钍等。因此在我们身边的日常生活中基本上不会发生包括衰变在内的核反应。

我们用图3-6对铀以及钍再进行说明。^{232}Th，^{238}U，^{235}U的半衰期分别是140亿年、45亿年、7亿年，半衰期越大减少得越慢，储量也就越大。^{232}Th，^{238}U，^{235}U的子体核素都不稳定，这些核素也衰

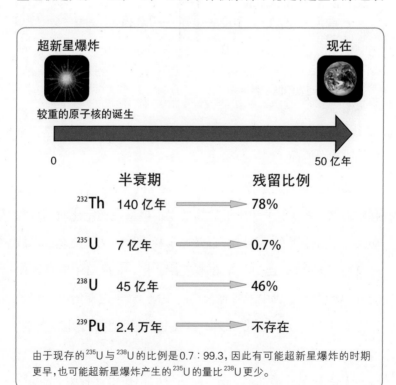

由于现存的^{235}U与^{238}U的比例是0.7∶99.3，因此有可能超新星爆炸的时期更早，也可能超新星爆炸产生的^{235}U的量比^{238}U更少。

图3-6　目前残留下来的钍和铀

变，而且他们的半衰期比母体核素短得多。这种情况下，同母体核素相比，这些子体核素的数量少得几乎可以忽略。然而子体核素的单位时间的衰变数也会与母体核素相同。以 ^{238}U 为例，^{238}U经过 α 衰变变成 ^{234}Th，经过 25.5 小时的半衰期，经过 β 衰变变成 ^{234}Pa。变成 ^{234}Th 后立即衰变，因此 ^{238}U 的衰变数同 ^{234}Th 的衰变数是相同的。然而 ^{234}Th 的存在量非常少，而且 ^{234}Pa 也是不稳定的，会继续发生衰变，于是将会不断衰变直到变成稳定的 ^{206}Pa。

我们周围存在着什么样的原子核呢？

通过 β 衰变及 α 衰变，原子核会发生怎样的变化？即原子编号 Z 和中子数 N 会发生什么变化呢？如图 4-1 所示。经过之前的说明，我想我们可以很清楚地理解这个图的意思了，所以不再做特别说明了。

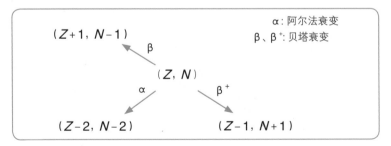

图4-1　由原子核衰变分成阿尔法衰变和贝塔衰变

在 β 衰变、α 衰变发生之后，原子核会慢慢地不断发生衰变，变成少数被限定的原子核，于是几乎所有的原子核都消失了,然而现实中并不会这样。实际上,如果将原子核的存在分布用图来表示的话,就如同图4-2所示,这里画双划线的地方,是比较稳定的原子编号,对应了中子的数量。原子核的研究者将这个数称为幻数,这也表明了核素及中子数的状况。然而由于脱离了本书的主要内容,因此不做详细说明。

中子和质子通过彼此交换电子得以转换。这个反应在原子核中形成了一种使核子相结合的力。可以说中子和质子数量越接近的原子核越稳定。如图4-2所示,稳定的核素其原子编号、中子数几乎处于相同数值的直线上。

然而仔细观察便会发现,中子的数量偏向稍微扩大的方向。这是因为质子数量变大的话,电磁相互作用的排斥力也会变大,于是质子数小于中子数的原子核会更加稳定。如图4-2所示,若将各核素的稳定程度在由原子编号和中子数作为独立变数的坐标上表示的话,我们知道这一稳定的黑色印记部分就

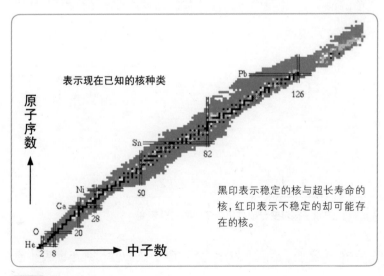

表示现在已知的核种类

原子序数

中子数

Pb
126
Sn
82
Ni
50
Ca
28
20
O
He
2 8

黑印表示稳定的核与超长寿命的核,红印表示不稳定的却可能存在的核。

图4-2 原子核存在的分布

是低谷。这一低谷采用提出不确定性原理的著名原子核物理学家的名字,命名为海森堡之谷。

衰变是自动发生的,发生衰变不需要从外部获得所需的能量,即发热反应。而吸热反应如果不从外部获得能量就不能发生。只要使用我们之前说的结合能就能够判别某核反应到底是吸热反应还是发热反应。核子在原子核中结合所需的能量,相当于原子核质量变轻的能量。图4-3表示稳定的核素(也包含 ^{238}U,^{235}U 等不稳定的核素)的每一个核子的结合能量。质量数越小的核素结合能就越小,一开始稍微有些不规则。随着质量数变大,相互影响的核子的数量也会变多,所以每一个核子的结合能也变大。然而由于力的运动距离短,于是增加会越来越缓慢,到铁(^{56}Fe)的附近达到最大值,之后增加的质子产生的库仑排斥力开始发生作用,每一个核子的结合能慢慢地开始减少。

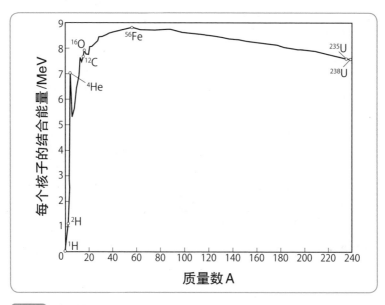

图4-3　核子的结合能

中子和质子通过相互交换电子从而达到相互转换，这一反应被称为 β 衰变。稳定的核素集中到海森堡之谷，β 衰变才有可能发生。铁（^{56}Fe）的附近是最稳定的。稳定的核素为什么会分布在质量数比较广的范围？如果 α 衰变成为可能的话，比铁（^{56}Fe）重的核素就会消失。这是由于 α 衰变不会像 β 衰变那样容易发生。α 衰变是释放氦原子核的反应。氦靠近衰变后的原子核时，所有的能量是两个原子核的能量之和加上库仑排斥力的能量。衰变前的原子核的能量，即使比氦和衰变后的原子核的能量之和大，然而如果幅度不能超过库仑排斥力能量的话，也不会发生衰变。由此得知，α 衰变很难发生。因此改变质量数的衰变难以发生，稳定的核素会排列在线上。但是存在量子力学所说的隧道效应，虽然其概率非常之低，但衰变前的原子核的能量即使比氦、衰变后的原子核能量、电反弹能量之和小，只要足够大于氦和衰变后的原子核的能量，也会发生衰变。从这一点来看，稳定的核素便只剩下比铋更小质量数的核素了。

我给大家讲了很多，但具体的东西也不用都一一记住。只要记住如图4-2所示的稳定的核素分布大致图形以及如图4-3所示的核子的结合能量的大概分布就足够了。

Q05 核反应容易发生吗？

上面我们已经说过原子核带正电荷并不会直接碰撞，因此也不会发生核反应。核反应研究者为了让原子核发生碰撞，致力于提高其能量，付出了艰辛的努力。核聚变反应堆最大的课题就是如何实现一个产生能量的装置，并可利用这一难以发生的反应，同时又可以兼顾经济性和安全性。

那么使用哪些方法来创造中子、并使其同原子核发生碰撞呢？中子是中性的，由于没有什么力会阻止其同原子核的碰撞，因此碰撞容易发生，碰撞后便会发生核反应。在使普通原子核相互碰撞的时候，能量越高，越容易发生碰撞。然而对于中子来说，则是能量低的容易发生碰撞。中子之类的小粒子，会放大量子力学的效果，带有波的性质。因此能量低的粒子波长会变长并像大粒子那样运动，于是碰撞的概率也会变高。

图5-1表明了中子的碰撞情况。我们可以把这些小的粒子看作中子。从这个图上可以看到，中子的碰撞次数同被碰撞的原子核（这里称作靶核）的截面成比例。碰撞所引起的反应有好多种类，我们用截面来表示各反应的发生难易程度。

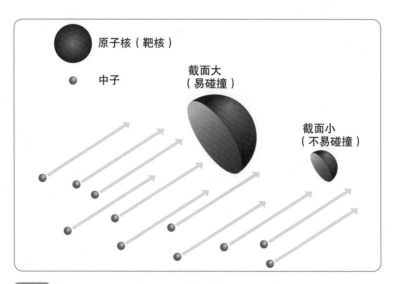

图5-1 发生核反应的难易度与截面成比例

下面介绍中子的代表性反应,首先是中子的吸收。若不能被吸收便会被反弹出来,称作散射。原子核吸收中子后,主要会出现两种反应,一是马上释放出多余的能量并形成稳定的核,即俘获反应。再者就是核能中更加重要的核裂变反应。除此以外,还有释放出很多粒子的反应,核裂变、俘获、散射等都可以称为重要的反应,在此我们先不讨论其他的反应,继续讲我们的话题。

各个反应都有截面,前面提到的三个反应也是如此,分别被称为散射截面、核裂变截面、俘获截面,所有这些截面之和被称为总截面,并且核裂变截面同俘获截面之和被称为吸收截面。请注意,虽然通常认为俘获同吸收是相同的意思,不过在核能区域是不同的。这些截面的关系如图5-2所示。

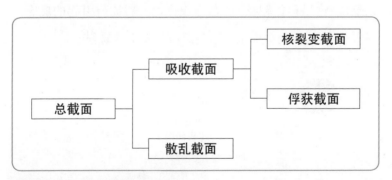

图5-2 反应截面的种类

一方面截面取决于靶核的种类,有趣的是它也同时取决于入射中子的能量。在原子核那样小的区域里,量子力学的效果很重要,如图5-3所示为原子核反应堆中重要的U和U的例子,这里表示核裂变和俘获的截面。截面的单位为靶恩(bar),1 bar为10^{-24} cm^2。比较之前所说的原子核的大小,便容易理解为什

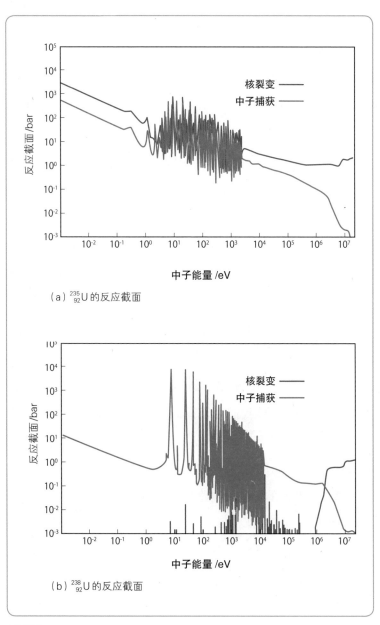

（a）$^{235}_{92}$U 的反应截面

（b）$^{238}_{92}$U 的反应截面

图5-3 中子反应截面

么使用这么小的单位了。我们用已经出现过好多次的eV这个单位来表示中子的能量，1 eV就是在1伏特的电场里电子所获得的能量。

大家知道，^{235}U与^{238}U的截面大不相同。^{235}U在中子能量低的时候核裂变截面有增大的倾向。而^{238}U在1 MeV以下时基本上为零。我们将^{235}U称作可裂变物质，或者可裂变核素。

很多核反应会伴随着中子能量的减少而增加，因此为了更容易发生反应，会经常使中子慢化。使其同我们之后会讲到的慢化剂发生碰撞，便可慢化。经过反复慢化之后，最终和周围的原子核的运动能量平衡。该能量我们已经说过大约是0.025 eV（见图5-3）。慢化到该能量的中子同周围物质处于热平衡状态，被称为热中子，其名称会让我们认为它是高能量的中子。然而恰恰相反，其实热中子是低能量的中子，这一点大家要注意。

还有，如果中子的能量达到1 eV的话，在几个能量点，截面值会达到较大的值，我们可以看到有几个尖尖的峰值。其理由如下：目标原子核和中子在一起的状态的稳定性随着能量的变化而变化，达到能量的共振状态就会稳定，是一种量子效应的显现。这样的截面的峰值我们称为共振峰值。

我们来总结一下。使用中子容易发生核反应。然而原子核比较小，基本不会碰撞。然而如果中子能量变低到一定的值时，就容易发生反应。根据靶核核素不同，有的容易发生反应，而有的难以发生反应。

核裂变是什么样的反应呢？

我们已经说过，中子不能在自然界中单独存在。那么就是说使用中子产生核反应并不是那么容易。然而，我们已经介绍过的核裂变反应却可以实现这一点。该反应如图6-1所示，当中子碰撞到非常重的原子核的时候，就会裂变为2个几乎相同大小的原子核。同时该反应会产生多个中子。产生的2个原子核被称为核裂变碎片或者核裂变产物。英语中被称为fission product，往往取其首字母称作FP。

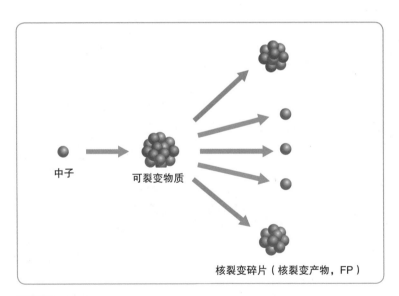

图6-1　核裂变

重原子核含有很多质子，库仑排斥力大，因此不稳定。轻的原子核的中子和质子数的比例是相同的，会抑制其效果，而原子核重的话，中子数也会变多。横轴为中子数，纵轴为原子编号，以此表示存在的原子核，就是前面的图4-2。这些原子核的存在分布，形成上方弯曲的存在区域。通过核裂变，重的原子核分为两个核裂变片时，核裂变产物中的稳定的原子核的中子比例同之前的重原子核相比变少了，于是其余的中子便飞出来了。然而，并不是残余的中子全部都飞出来，而是还有几个中子残留在核裂变产物中，慢慢地通过β衰变释放出电子变成质子。最终一次核裂变飞出的中子数量为2~3个，使用这些中子可以发生之后的核裂变。核裂变引起的核素变换，我们用后面的图10-1加以说明。

前面已经说过，吸收热中子发生核裂变的物质被称为可裂变物质。只有^{235}U天然存在，不过我们让比天然存在的^{235}U更多的^{238}U或者^{232}Th吸收中子，可能会产生名为^{239}Pu或者^{233}U的可裂变物质（关于这一点我们将在Q16中加以说明）。

前面提到的不管哪个，全都是我们所熟悉的原子核中最重的原子核。在这样重的原子核中，质子之间的排斥力比较强，质子和中子勉勉强强会吸附在一起。与此相比，裂变产物质量数只有原来的原子核的一半左右大小。如图4-3所示，同之前的原子核相比，会更强地吸附在一起形成稳定的原子核。为此，在核裂变的时候，会释放出较大的能量（每一次核裂变大约释放200 MeV，称核裂变能量）。由图4-3可知，每个可裂变核素的核子的结合能量与裂变产物（与可裂变核素相当的质量数）的结合能量相比，后者比前者大了约1 MeV。这里相关核子的数量（可裂变核素的质量数）为200，因此我们可以理解核裂变能量大约为200 MeV。原子弹和氢弹的重量是吨级别的，而其威力之所以用百万吨表示，是因为这是用TNT火药的爆炸威力来表示的。我们已经说明核裂变的能量和化学爆炸的能量的差异在百万以上，明显地表明核裂变会产生究竟多大的能量。

链式反应和临界是什么呢？

前面一节，我们说明了核裂变的发生需要中子碰撞、核裂变会飞出2~3个中子。我们说中子在自然界中不会单独存在，所以核反应并不容易发生。然而在核裂变时，如图7-1所示，将产生的中子进行核裂变，很容易产生更多的核裂变。即使吸收中子也未必发生核裂变，这种情况也在图中有反映。像这样以中子为媒介，接二连三发生的核裂变反应被称作链式反应。

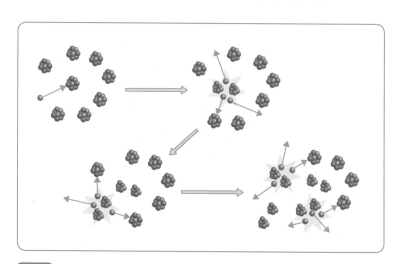

图7-1　链式反应

如图7-1所示，从一次核裂变到下一次核裂变用一个一个

的代差来描述。从这次核裂变到下次核裂变，被称为中子的1代。某代中子数同前代中子数相比有多少变化呢？即某代中子数除以前代中子数的值，被称作中子增殖系数。中子增殖系数如式（7-1）所示，为产生的中子数与因吸收或泄漏而消失的中子数之比。可以通过改变原子核反应堆中的可裂变物质同其他物质的密度比、改变核裂变的吸收比、改变燃料的形状、改变泄漏率等来使中子增殖系数发生变化。

$$中子增殖系数 = \frac{某一代的中子数}{上一代的中子数} = \frac{由核裂变生成的中子数}{消失了的中子数} \qquad (7-1)$$

这里也出现了类似的说法，即中子的吸收和俘获。作为原子核反应堆的专业术语，使用时要严格区分。我们在图5-2的说明中已经说过，为了提醒大家注意，这里再详细说明一下。在吸收中子之后，除了将多余的能量作为 γ 射线（MeV级别的高能量的电磁波）释放出来之外，什么都没有发生的反应就是俘获。另外请注意，吸收应该包括所有吸收中子的反应，俘获、核裂变都包含在吸收反应中。

中子增殖系数为1的话，意味着中子数不会随时间而变化，此状态被称为临界状态。当然产生俘获还是核裂变的反应是一个概率的问题，核裂变产生的中子数也是概率变量，所以中子增殖系数即使是1，也不能说中子数完全不变化。可以说是不稳定的，不过由于中子数非常多，这些不稳定的比例就非常小，对原子核反应堆的输出功率不会造成什么影响。

中子增殖系数在1以上时被称为超临界状态。这种状态下,中子的数量以及核裂变的数量会逐渐变大。原子弹的中子增殖系数比1要大得多,短时间内,(在炸弹分散之前)会产生很多的能量。在运转中的原子核反应堆,通常呈临界状态。中子增殖系数在1以下称为未临界状态,燃料的储藏必须保证常保持在未临界状态。当中子增殖系数处于一定值,在不是1的情况下,总中子数、总核裂变数是如何变化的呢?我们用图7-2说明。不考虑特定的状态,横轴是时间,单位是任意的。中子增殖系数同1的差越大,核裂变数的变化比例也越大。

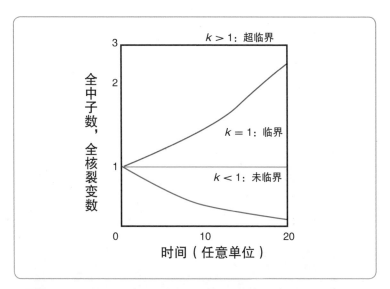

图7-2 全中子数及全核裂变数的时间变化(k表示中子增殖系数)

相对于中子增殖系数1的变化被称为反应度。偶尔有在一般的书籍写作"反应度"这一词,不过增加专业术语会增加读者的负担,所以这里不做增加,在需要的时候我们只使用中子增殖系数进行说明。反应度为0的时候就是临界,正的话就是超临界,负的话就是未临界。

核裂变是如何被发现的呢？

要说明关于核裂变的发现，我们有必要先讲述一下20世纪初开始的新科学的历史。特别是要讲述对原子和原子核相关的研究。古希腊哲学家德谟克里特斯预言了原子的存在。然而假设其存在来说明很多物理现象是在进入19世纪之后的事了。19世纪早期，英国人道尔顿在对气体的研究中发表了原子说。原子的假定使统计热力学得以诞生。名字被用于原子核反应堆中的中子运动方程式的玻尔兹曼（见图8-1）、核物理学家所向往的英国卡文迪许实验室的第一代所长麦克斯韦（见图8-2）使统计力学得以发展。

图8-1　玻尔兹曼照片　　图8-2　麦克斯韦照片

然而实际发现原子并研究其结构是在20世纪。可以说，20世纪的物理学家普朗克（见图8-3）于1900年发现的量子论、爱因斯坦(见图8-4)于1905年发表的狭义相对论揭开了其发展的序幕。量子论对原子和原子核的研究做出了很大的贡献。相对论启发了能量质量等价理论,打通了核能研究的大道。

图8-3 普朗克照片　　图8-4 爱因斯坦照片

一般认为,射线研究开始于1895年伦琴发现X射线。然而X射线是同原子核周围电子状态相关的射线,同本书所说的射线不同。然而第二年,贝克勒尔从铀中发现了自然放出的射线。我们熟知卡文迪许研究所的卢瑟福(见图8-5)使用α射线来研究原子结构的实验。他通过这个实验,发表了原子模型,即原子的结构为中心有原子核,周围围绕着电子。

为了进一步了解原子核,人们继续进行了用α射线撞击原子核的实验,这几乎是当时研究原子核的唯一方法。在研究过程中,发表了实验结果,即在用α射线撞击玻的时候,出现了穿透性异常高的射线。当时一般认为原子核由质子和电子构成,卢瑟福的学生查德威克(见图8-6)预言原子核是由中子和质子构成,他认为这一强穿透性的射线正是自己所探寻的中子,并通过实验证明了这一点。中子的发现关系着人们对原子核的正确理解，与此同时，也发现了容易产生核反应的工具。即为了研究原子核的性质，使用 α 射线撞击原子核，库仑排斥力大、质量数大的原子核难以发生核反应。于是人们可以用中子与所有的原子核发生碰撞。

图8-5 卢瑟福照片

图8-6 查德威克照片

图8-7 费米照片

罗马大学的费米（见图8-7）试着用中子撞击各种原子核，发现了很多东西。当时所发现的最大原子编号的元素是铀。他稍微夸张地说，"神在创作宇宙的时候，创造了最轻的元素氢与最重的元素铀"。费米在用中子撞击铀的时候，发现了 β 射线。他认为铀吸收中子使原子核进一步发生 β 衰变，产生了居于铀原子编号之后的元素，即他认为创造了在神所创造最后元素之后的元素。这绝不是错误的，只是他没有仔细调查该反应所生成的原子核的性质，没有详细说明出现了很多射线，致使他与重要的核裂变失之交臂。却令哈恩、迈特纳等（见图8-8）获得了该荣誉。

　　稍微详细说明下核裂变的发现，在柏林进行实验的哈恩和修特拉斯曼发表了通过铀的核裂变生成钡的文章，并在瑞典收到了通知函，将之解释为核裂变的是迈特纳。迈特纳也同哈恩、修特拉斯曼一起进行了研究，不过因为他是犹太人，所以流亡瑞典。正因如此，获得诺贝尔物理学奖的只有哈恩、修特拉斯曼，迈特纳没能成为获奖者。原子核的研究、核能的研究牵扯到了第二次世界大战，很多当事人留下了很多的故事与版本。

图8-8　哈恩（右）迈特纳（左）照片

核裂变的发现是1938年末的事情，之后不久在第二次世界大战中，便同美国曼哈顿计划联系到了一起。通过曼哈顿计划，开发了使用浓缩铀和钚的2种原子弹。之后投在了日本（见图8-9）。曼哈顿计划是当时未曾有过的巨大的开发计划。其他的国家也做了类似的事情，不过由于国力的差距，在战争结束之前只有美国完成了原子弹爆炸。关于这一点我们在其他地方将再次说明。

（a）在广岛投下的^{235}U原子弹（小男孩）

（b）在长崎投下的^{239}Pu原子弹（胖子）

图8-9 在日本投下的原子弹

另外，费米由于妻子是犹太人，因此在斯德哥尔摩领奖之后也开始流亡美国，并在普林斯顿大学听说了核聚变的事情，虽在紧要关头仅一步之差错过了核裂变的发现，然而他仍然是非常优秀的研究者，他将此经历当做励志材料，并在曼哈顿计划中成功实现了世界上最初的原子核反应堆CP-1。关于CP-1我们在Q35将再次进行说明。

Q09 核能的能量有多么强大呢？

我们说过同化学能量相比，每单位质量所产生的核能量要大100万倍。各自的能量中也有很多种类的能量，因此，只能做大致的比较。然而差异如此之大，因此以大概的数值来表示其差异已经足够正确。每单位质量的能量大，是指能量密度大，核能量是密度极高的能量。

那么如何利用如此高密度的能量呢？如同本书一开始所说的那样，能量用功率和时间的乘积表示（见图9-1）。可以认为功率和输出功率相同，重视功率的利用便是高输出功率利用，重视时间的利用便是长期利用，即长寿命。

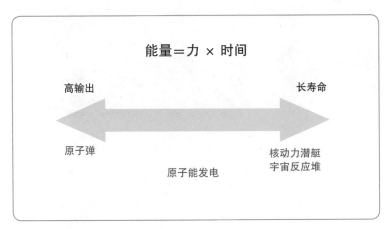

图9-1 高密度能量的利用

无需列举铁和火药,在人类历史上,很多优秀的东西最初都被用作兵器,核能也不例外(见图9-2)。高输出功率利用的典型就是原子弹。其破坏力远远超出之前的炸弹的破坏力。原子弹发明之后,虽也出现了使用原子弹开发运河,造湖等想法,然而反对的呼声太强烈而未得以实施。不过可能会用于宇宙中的大规模的土木工程、陨石的轨道修正等。长寿命利用的有核动力潜艇。如果潜艇内没有氧气和燃料的话,马上就会浮上来,而核动力潜艇可以潜水达到几年,很久之前就有几艘配备携带核弹头导弹的核动力潜艇潜伏到了海里,想想都觉得恐怖。

图9-2 核能最初作为兵器被使用

长寿命的还有"宇宙堆"即宇宙用原子核反应堆。由于宇宙中没有氧，所以不能使用化石燃料等。然而如果必须用化石燃料则只能携带氧气，携带氧气会需要更多的能量，是非常困难的。现在，人造卫星基本上都使用太阳能。然而只有距离太阳合适时才可以利用，如果距离太阳太远便无法使用了，这种情况下核能的利用几乎是不可避免的（见图9-3）。另外，由于月球上夜晚较长，也为此讨论过使用原子核反应堆，然而从地球上向月球搬运时，地球上运载火箭的发射成了问题，由于担心事故的发生，因此未采用这个计划。

图9-3 太空中不得不使用核能作为能量

然而很多人都认为只要人类持续发展，一定会考虑宇宙开发，那样的话应该会消耗比地球要多许多的能量吧。要是认为现在可利用的能量只有核能的话，那么也许还是认真讨论该如何利用比较好。

在图9-1中，高输出功率与长寿命的正中间是核能发电，即适当兼顾高输出功率和长寿命。不过输出功率密度受材料的制约比较大，最终变得同现在的化石燃料发电（火力发电）相当。如果火力发电与核能发电的输出功率密度相同，同火力发电相比，核能发电的能量密度相当大，可以在很长时间内使用一定量的燃料。从这一点来看，同火力发电相比，核能发电有着较大的优势。关于这一点我们在下节进行讲述。

前已叙及，一次核裂变大约释放200 MeV的能量，eV或者MeV是单个反应的能量，因此量非常小。我们使用的能量，是从非常多的数量的反应中得来的能量。下面来研究下这一微小的能量和巨大能量之间的关系吧。

假设有1 g纯粹的^{235}U的金属块，其中大约含有2.56×10^{21}个左右的^{235}U原子核，若全部发生核裂变，便是这些数字乘以200 MeV，注意1 eV是1.602×10^{-19} J，释放出的能量就是8.21×10^{10} J。我们说过能量是功率乘以时间，焦耳是瓦特乘以秒。按照这个量计算的话，数值变得过于大，因此如果用经常出现的MW（百万瓦特）和d（天）的乘积作为单位来表示核能的话就是1 MWd核能，这是一个核能相关人员比较容易记忆的数值，记忆时也比较方便。有很多情况下用吨（t）计量实际使用的燃料的重量，说到使用后燃料的燃烧度，一般通过每吨所释放的能量来确定。因此，燃烧度的单位为MWd/t。这时，如果全部燃烧的话，1 t就是10^6 g，会释放出10^6 MWd的能量。现在普通的轻水反应堆（关于这个反应堆我们稍后再详细说明），充其量也就是4万MWd/t。我想您会明白这意味着只燃烧了4%的铀。

核裂变会产生什么样的物质呢？

就像我们已经说过的，所谓核裂变，就是可裂变核素吸收中子形成不稳定的原子核，不稳定的原子核被分为2个核裂变产物（FP）和2~3个中子，即核裂变生成2个核裂变产物和2~3个中子。由于中子的半衰期是 10 min 左右，似乎会变成质子，但其实基本上都被周围的原子核吸收了。关于中子我们已经说了很多，所以这里我们说一下核裂变产物。

在图4-2所示原子核存在分布的基础上，我们将核裂变产物所占核区用图10-1来表示。在这个图中也标明了可裂变核素的存在核区。我们说过核裂变产生2个核裂变产物。如果是

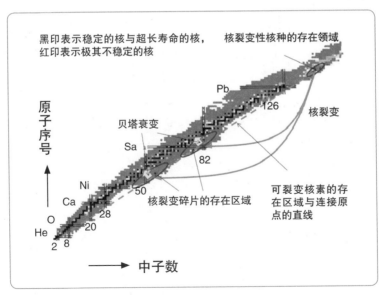

图10-1 核裂变产物的生成（数字是幻数）

两个相同的核素，加上可裂变核素所吸收的1个中子，再减去核裂变而释放出的2~3个中子，之后2等分，便意味着产生这么多中子数。即核裂变产物的原子编号期望值为可裂变核素的一半，中子数为从可裂变核素的值减去1~2之后的一半。不过核裂变产物的存在核区如果不是这样的话就会被分为2个核区。看下图10-1，我们知道之所以分成2个核区是受到图4-2的说明中所说的幻数的影响。

核裂变产物的存在核区，处于稳定的原子核核区下方，即中子是多余的。为形成稳定的核，中子会进行β衰变变成质子。这在图中用黄色的箭头表示。β衰变中，质子和中子之和与质量数不发生变化，因此变化的方向是左上45度方向，沿着这个方向落到海森堡之谷。

图10-2表示^{235}U吸收热中子时的核裂变产物的俘获率，横轴表示质量数。β衰变质量数不发生变化，所以关于其分布究

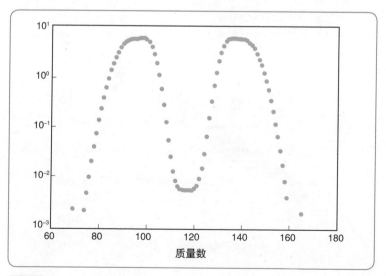

图10-2 核裂变产物的质量分布（由^{235}U的热中子产生的核裂变）

竟在生成之后经历了多长时间并不是什么问题。若可裂变核素的种类与中子能量变化，分布也会稍微变化，然而这里所说的性质仍然成立。

在 β 衰变中，如果所有核素都变成稳定的核素最好，然而却有几个核素最终成为长寿命的核素。在这些核裂变产物中，碘131（^{131}I）、铯134和137（^{134}Cs、^{137}Cs）、锶90（^{90}Sr）在事故时经常出现。我们知道即使作为核废料，^{137}Cs 和 ^{90}Sr 的发热也是一个问题。碘129（^{129}I）、铯135（^{135}Cs）、锝99（^{99}Tc）作为非常长寿命的放射性核废料而为人所熟知。观察图10-2，我们可以得知这些核素的生成率比较高。关于这些我们在讲到事故及核废料时再进行详细说明。

Q11　同火力发电相比，有什么不同呢？

关于核能发电的结构后面再详细说明，先简单说明其同火力发电的比较。这里以当今世界上实际运行的核能发电的原子核反应堆为例进行说明。火力发电同核能发电的简单结构如图11-1所示。不管哪一种都是给水加温，使其生成蒸汽输送到涡轮，带动发电机进行发电。原子核反应堆的作用就是制造蒸汽，蒸汽的条件受到材料等的制约，不论哪一种基本上都是相同的，因此涡轮之后基本上同火力发电是一样的。

正如我们已经说过的，同火力发电所使用的化学能量相

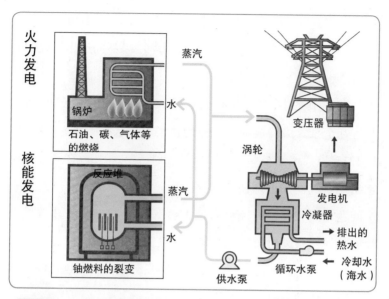

图11-1　火力发电与核能发电

比,核能是超高密度的能量,然而如何充分利用其优点呢？火力发电时会消耗大量的燃料,因此燃料的长期储存非常困难。核能的能量密度是化学能的100万倍,即使是化石燃料的1 000分之1的量,也能够储备化石燃料1 000倍的能量。不过,现在一般使用的原子核反应堆是轻水反应堆,插入原子核反应堆中的铀燃料不会全部释放能量,只有4%释放能量。那么铀燃料的量是化石燃料的1 000分之1时只能够储备约化石燃料40倍的能量。核能即使进行数年的燃料储备,在场地上也不会有什么问题。轻水反应堆的燃料棒一般插入原子核反应堆中3~4年,只是到了最后一年,要停止原子核反应堆,将原子核反应堆中装载的燃料的一部分换成新的燃料。而石油或者碳,半年的燃料储存就很困难了,需要巨大的储存设施。我想有很多人也看到过半岛危机的阴影下大量摆放的原油储存罐,因此核能在能源安全方面评价很高。

此外，火力发电的主要能量是碳和氧结合生成二氧化碳时产生的能量，同时排出大量二氧化碳。用石油，哪怕是氢变成水的反应也产生能量，不过用碳的话所有能量的发生都会伴随着二氧化碳的产生，通常认为这是地球变暖和异常气象的主要原因。世界各国正在致力于减少二氧化碳，努力阻止地球变暖和异常气象的发生。使用核能的话，我们利用核反应产生能量的原理与过程是完全不同的，并且产生能量时不会产生类似二氧化碳那样的温暖气体，关于这一点我们之后还会说明。不过原子核反应堆中会产生放射性物质，因此这也是一个问题，我们之后再详细说明这个问题。

火力发电所使用的化石燃料是古代生物化石的一种，因此资源是有限的。有专家说石油消耗已经超越了开采峰值。如图11-2

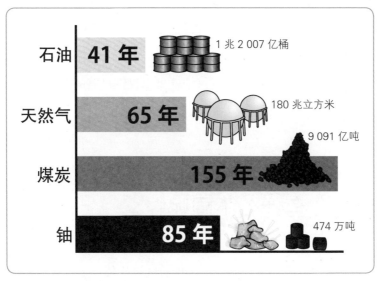

图11-2　矿物燃料与铀的资源量比较（出处：日本核能文化振兴财团，2007）

所示为日本核能文化振兴财团于2007年提出的化石燃料及铀的开采储量。文献稍微有点久远，最近开始被关注的页岩气等都没有加进去，然而这里所说的一些要点是成立的。将这个量除以每年生产量的话，就可以表明可开采年数。要是铀的话，由于其储存方便，分母并不是年生产量，而换成了2004年的实际消耗。

在这个图上，碳的可开采年数是最长的，其次是铀。关于铀，我们知道，如果使用我们后面要说明的快中子增殖堆的话，相同量的铀可以提取出轻水反应堆100倍的能量，即可以利用8 500年。这里我们使用各年份的生产量来作为计算开采年数的分母，如果不使用其他的能量，仅仅用这个来供给所有能量的话，年数还会更少。如果考虑到遥远的未来，化石燃料完全没办法使用的话，8 500年的时间还会变得更短。不过即便如此，也是相当多的年数。而且如果可以提取100倍的能量，之前不经济的开采都将变得具有经济性，可开采的储量会飞跃地增加，甚至可能连海水中的铀都会开采。这样的话，储量可以增加约100倍，就可以供人类利用85万年。对于从新石器时代开始才1万年的人类来说，可以说仅仅铀就可以提供足够的能量了。

Q12 同可再生能源相比有什么不同呢？

可再生能源有很多种类，让我们试着比较一下现在大量使用的太阳能、风能、水能、生物能等，这些能源包括核能在内都同样不释放二氧化碳。从这个意义上来说,这些能源均不会引起地球变暖,可以说都是优质的能源。

核能产生放射性物质,而可再生能源却不会产生这些麻烦的物质,关于放射性物质所引起的问题我们在后面进行说明。不过如果不能解决好这个问题,这将成为可再生能源的巨大优势。

这里所列举的可再生能源,如果追本溯源的话,都是太阳能。大量太阳能照射到地球表面,密度却极其稀薄。很久之前就开始使用的水能,通过河流的流动,提高能量密度,建造发电用的水坝等,便于发电使用,然而只能根据自然地形来提高能量

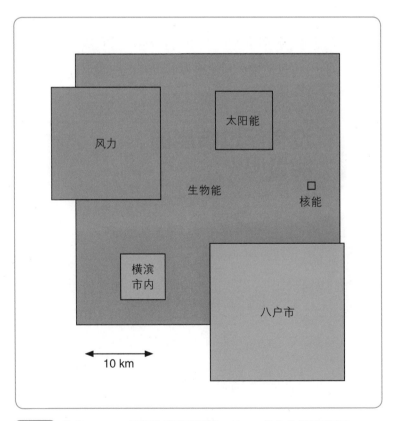

图12—1 发电1 000 MW需要的面积和消费1 000 MW的电力的面积对比

的密度,而且现在能够利用的地方都已经利用了,今后不可能再大幅度增加。

关于其他的可再生能源,由于数量不足以及时间的变动都会影响其系统有效的利用,这些问题均使低成本发电变得困难。现在在国家的强力补助下,虽然可再生能源的场所和条件在某种程度上受到限制,但是大规模利用却得以增加。太阳能和风能受到稳定性问题的影响,生物能受到所需土地问题的限制,因此都很难成为基础能源。如图12-1所示为典型的原子核反应堆发电1 000 MW所需面积以及消耗相同电力的面积。在这里以30万人作为消耗1 000 MW电力的人口来绘图。核能很小,而这里的面积不仅仅包括原子核反应堆建筑物的面积,还包括确保安全所需的所有占地面积。

Q13 没有超过核能的能量吗?

有一个问题,宇宙中存在超过核能的能量吗?首先我们看一下宇宙究竟是怎样的。宇宙在诞生的时候,是由中子、大约与中子相同数量的质子以及同质子相同数量的电子所构成的。而中子马上衰变成了质子和电子。其半衰期大约是10 min。一般认为在宇宙诞生后的这个时间内,因为中子的存在发生了核反应,产生了少量的氘核及氦。不过由于宇宙膨胀密度变低以及中子的消失,没能形成更重的原子核。之后这些最初出现的氢以及氦原子在重力的作用下集结在一起,形成了巨大的星体。

在超级大的星体中压力是非常高的，于是再次发生了核反应。最近，不断发现关于宇宙、星体、元素的诞生的机制，有兴趣的人可以读一下相关的书籍。

随着星体的中心附近密度慢慢变高，小的原子核吸附在一起，变成大的原子核，为了进一步提高密度解除库仑排斥力，质子吸收电子变成了中子，于是便诞生了中心由中子构成的星体。在被称为超新星爆发的爆炸作用下，形成了我们现在所熟知的元素铀。

核反应会有大量能量参与，基本上对应着结合能的变化。我们已经说过所谓结合能，即分散原子核时所需要的能量，如图4-3所示，是很多原子核的每一个核子的结合能量。由于所有的原子核都很稳定，于是这些值也都是正的。这个值在反应前后如果变大，所释放的能量值为变大的部分乘以核子数。该值在核裂变中，会产生200 MeV的能量，这一点我们在核裂变的内容中已经说过了。

宇宙诞生时产生的原子核只有轻的原子核，我们通过图4-3可以看到轻的原子核在变重的过程中，每个核子的结合能量会随着变大，这相当于核聚变能量，来自太阳的能量就是这个能量。

那么，让我们再次思考一下是否存在超越核能的能源呢？在当今人类的知识区域，宇宙中存在的物质如图13-1（b）所示，由6种夸克［实际上还分颜色（蓝、红、绿），这样总计18种］和6种轻粒子构成。中子、质子是由三个夸克构成的，电子是轻粒子的一种。可以说核能只同第一代夸克有关系，其理由除了地球上只有第一代夸克的存在外并不充分。虽然我们的存在只要

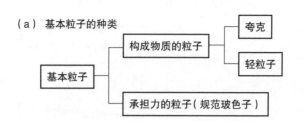

（a） 基本粒子的种类

构成物质的粒子 ── 夸克 / 轻粒子

基本粒子 ── 承担力的粒子（规范玻色子）

（b） 构成物质的粒子

	电荷	第一代	第二代	第三代
夸克	2/3	上	粲	顶
	−1/3	下	奇	底
轻粒子	0	电子中微子	μ子中微子	τ子中微子
	−1	电子	μ子	τ子

（c） 承担力的粒子（规范玻色子）

相互作用的种类	传播子
重力相互作用	重粒子
弱相互作用	弱力玻色子（W+，W−，Z_0）
电磁相互作用	光子
强相互作用	胶子

图13-1 目前已被认识的基本粒子

有第一代夸克便可以了，但我们也可以认为要想第一代夸克可以自洽，理论上还需要第二代夸克或者第三代夸克。

力在构成物质的粒子之间起作用，关于这一点，我们认为如图13-1（c）所示的被称作规范玻色子的光子等量子（具有波的性质的粒子）交换作用下，4种相互作用力在发生作用。重力是非常弱的，却可以在任何地方出现，因此在宇宙这样巨大的场所,质量变大的话,就会变成很有意义的巨大的力。电磁相互作用力非常强,正负电荷混在一起就会中和,电磁相互作用力便大大减弱。强相互作用力和弱相互作用力都是很强的力,然而却都只能在短距离才能发生,在原子核中才有意义。化学能核能都是从这些构成要素中产生的能量。

力只有这四种相互作用,能量也只能是与此相关的存在,因此对于人类来说,有用的能量基本上都蕴含在原子核之中。通过核裂变或者核聚变可以提取出的这些能量,无论哪一种都是核能,从这个意义上说,自然而然可以认为宇宙中的能源只有核能。关于核裂变,只有地球这样的星球才有铀或者钍。对于现在的人类来说铀和钍还大量存在,不过数十万年之后就不知道了,认为其最终会枯竭也是自然的。关于核聚变,其燃料氘在海水中大量存在,可以使用到地球寿命(大约50亿年之后被变大的太阳吞噬,参照图2-4)终结。即使离开了地球,氘在宇宙中也广泛分布,可以想象对于人类来说是取之不尽的。

如果问的是每次反应所产生的能量的话,就是另一种回答了。核能确实是高密度的能量,核裂变时每个核子会产生1 MeV的能量,单位质量所产生的能量大约是化学能的100万倍。爱因斯坦在其有名的相对论中表明能量质量成比例。1个核子的重量可产生1 000 MeV能量。如果质量全部都能转化为能量的话,将会获得大约是核裂变反应1 000倍密度的能量,即为化学能的10亿倍。实际上如果存在反物质,同我们周围存在的物质反应,便可将所有的质量转化为能量。不过迄今为止在宇宙中的大量探索表明还从未发现反物质。虽然反物质在实验室中已经创造了出来,不过实现低成本的大量生产还是非常困难的,储藏同样非常困难。

如果对宇宙进行详细研究,会出现一些认为存在暗物质和暗能量的理论。同我们所利用的能量相比,其性质完全不同,是否能够利用还是个疑问。

把核能做为能源来考虑时,我们回答"没有超越核能的能源"这样的问题应该是正确的吧。

第2章

核能的发电机制
是什么?

通过第1章最基础的学习,终于可以学习关于核能发电的结构了。从核反应堆的基本构造开始讲起到为何铀被作为燃料使用? 为何需要慢化剂和控制棒? 然后再对轻水反应堆和快堆等进行解说。

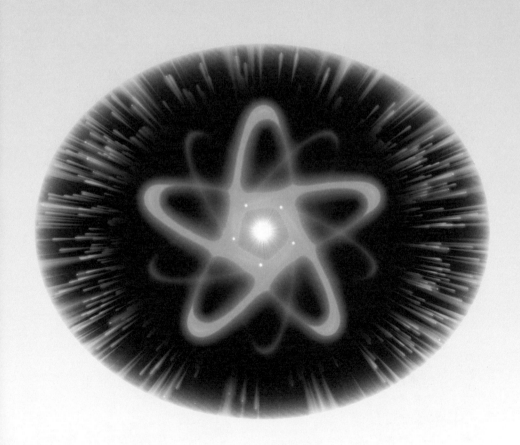

Q 14 原子核反应堆的结构是什么样的呢?

　　燃料堆积的部分被称作堆芯, 如图14-1所示, 堆芯被放在原子核反应堆容器中, 这里是插入控制棒的形状。由核裂变产生的热量必须要提取出来。因此在堆芯里需加入冷却剂。冷却剂将堆芯的温度控制在安全范围内的同时, 也起到提取核裂变所产生能量的作用。提取出的能量如何利用我们之后再说明。在原子核反应堆的运转过程中, 不能浪费中子。堆芯用反射体包围, 以便使堆芯遗漏的中子返回堆芯。在这个图中, 冷却剂同时也是反射体。

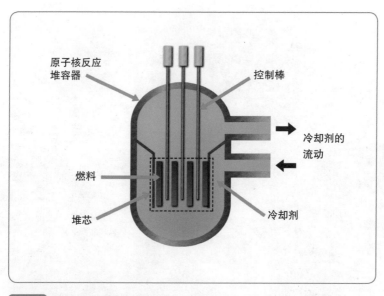

图14-1　原子核反应堆的结构

　　堆芯的形状、原子核反应堆容器的形状均有很多。这里所描绘的是有代表性的原子核反应堆PWR(压水反应堆)。在PWR中,冷却剂、反射体以及之后会讲述的慢化剂都是水,因此燃料是浸泡在水中使用的。在这个例子中,为了让冷却剂、控制棒轻松通过,燃料也做成了棒状,冷却剂从中间流过,控制棒也可进进出出。为了方便操作,几个燃料棒会放在一起,一般以燃料组件的形态装载到堆芯。

关于控制棒和冷却剂,需要同其运转联系在一起进行说明,关于燃料我们也在之后再详细说明。

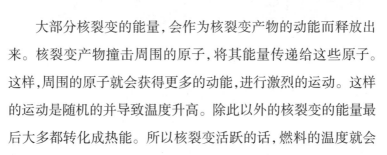

核裂变能量如何能够变成电呢?

大部分核裂变的能量,会作为核裂变产物的动能而释放出来。核裂变产物撞击周围的原子,将其能量传递给这些原子。这样,周围的原子就会获得更多的动能,进行激烈的运动。这样的运动是随机的并导致温度升高。除此以外的核裂变的能量最后大多都转化成热能。所以核裂变活跃的话,燃料的温度就会上升。

如图15-1所示,冷却剂将产生的热量作为热能从堆芯提取出来,再从原子核反应堆容器中提取出来。图15-1大致是PWR的示意图,关于PWR我们后面要详细说明,这里先大致了解一下热能最终被用于产生蒸汽,蒸汽使涡轮发电机运转进而发电。推动涡轮发电机运转进而发电,这同火力发电、水能发电是一样的。

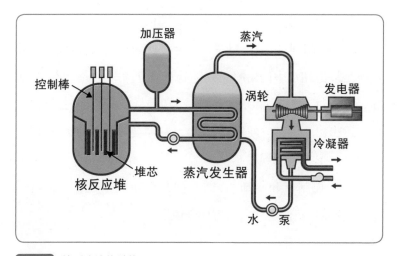

图15-1 核反应堆的结构

为什么燃料中要加入铀呢？

我们说过引起核裂变的是重原子核,但并不是所有的重原子核都能引起核裂变。我们已经说过热中子中引起核裂变的核素为可裂变核素,然而自然界中存在的可裂变核素只有^{235}U(U是铀)。

人工合成的可裂变核素有^{239}PU(PU是钚)、^{241}PU、^{233}U这些核素。^{239}PU和^{233}U是由自然界中大量存在的^{238}U和^{232}Th(Th是钍)吸收中子之后产生的,我们可以根据此原理进行制作。^{239}U吸收中子之后没有发生核裂变时会形成^{240}Pu,^{241}Pu就是在此基础上再次吸收中子而产生的。这些可裂变核素的来源^{238}U、^{232}Th、^{240}Pu被称为母体核素。将上述内容整理之后如图16-1所示,红色标记的部分是起因于铀的核素,绿色标记的部分是起因于钍的核素。

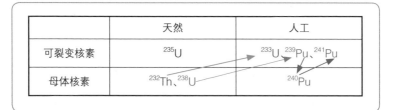

	天然	人工
可裂变核素	^{235}U	^{233}U、^{239}Pu、^{241}Pu
母体核素	^{232}Th、^{238}U	^{240}Pu

图16-1 可裂变核素和母体核素（箭形符号表示由中子捕获的核变换）

　　这些核素中,天然存在的只有^{232}Th、^{235}U以及^{238}U。即作为元素来说只有铀和钍,钍只有^{232}Th,铀有^{235}U和^{238}U。天然存在的铀被称为天然铀。不过^{235}U和^{238}U在天然铀中所占的比例在地球上是恒定的,分别为0.7%和99.35%。

　　关于为什么只存在^{232}Th、^{235}U以及^{238}U三种天然核素,我们已经用图3-6进行了说明。此外,^{239}Pu、^{240}Pu、^{233}U的半衰期分别是2.4万年、6 600年、16万年,因此认为现在已经不存在了,然而一旦产生,会远远超出我们的生存时长。另外,^{241}Pu的半衰期是14年,量很快就会减少。

所谓慢化剂是什么呢?

　　我们说过中子能量变低截面就会变大,其效果因原子核不同而不同。可裂变核素^{235}U的截面如图5-3所示,效果非常明显。与此相比,几乎占据天然铀所有比例的^{238}U的效果却没有这么明显。如图17-1所示为天然铀的实际效果的核裂变截面以及俘获截面,表示用一个^{235}U、^{238}U的原子核的截面乘以各核素的存在比例的数值。核裂变截面以及俘获截面各自相加，就是天然铀的实际效果的核裂变截面以及俘获截面。即如果使用天然铀制造原子核反应堆的话，可以使用该截面来判断。

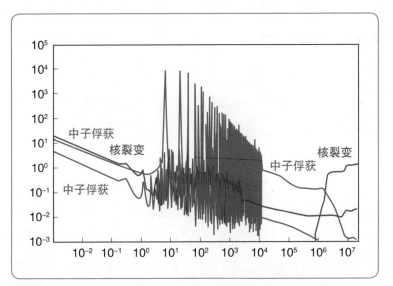

图17-1 天然铀的核裂变截面积（蓝线）和中子俘获截面积（红线）
（^{235}U和^{238}U的截面积之和为有效截面面积）

在热中子区域（能量在0.025 eV附近）中，核裂变的截面比俘获截面大，虽仅仅大一点，然而如式（7-1）所示的中子增殖系数却能达到1以上。那么核裂变刚刚产生的中子是什么情况呢？中子的平均能量大约为2 MeV（2×10^6 eV），这样的话加上^{238}U的核裂变，中子增殖系数便有望达到1以上。不过这里实际上并没有这么大，因为被称为非弹性散射的散射截面非常大，通过这种散射，中子的能量会大大减少。我们看一下1 MeV（10^6 eV）以下的能量，就会发现不可能使中子增殖系数达到1以上。这里的非弹性散射是一种碰撞，即在中子碰撞时，中子中的能量大部分都转化为受到碰撞的原子核内部的质子或者中子的能量,使中子能量大幅减少,如果中子的能量没有达到一定程度的话,非弹性散射就不会发生。再者如果被碰撞的原子核中的质子和中子能够轻松获得能量的话,非弹性散射也容易发生。

如果将天然铀作为燃料制作原子核反应堆的话,必须使其成为这样的核反应堆,即通过慢化核裂变使产生的中子成为热中子,然后通过热中子使核裂变达成临界。核裂变产生的中子通过慢化成为热中子并进一步核裂变,由此维持临界的原子核反应堆被称为热中子反应堆。

中子的慢化是如何进行的呢?

中子慢化,即如何减少中子的能量呢? 如图18-1所示,做法是令中子碰撞原子核,使能量的一部分转移到对方的原子核内。中子能量变低,从而被有效利用的反应称为弹性散射。弹性散射不同于非弹性散射,散射相关粒子的内部能量(可以理解为原子核中的质子和中子的能量)不发生变化,只有碰撞相关的粒子的动能发生变化。

我们用具体的例子来说明一下弹性散射引起的中子慢化原理。我们可以一边看图18-1一边思考,首先请思考上面两个例子,即碰撞到同中子相同重量的目标的情形。在这种情况下,我们可以想一想台球碰撞的情况,最上面的粒子,球正面碰

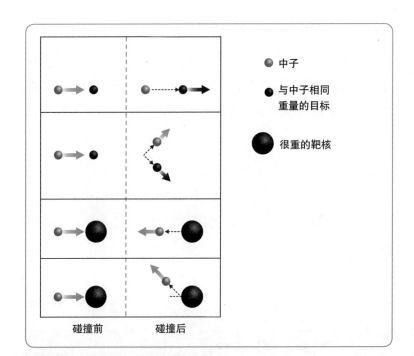

图18-1 中子通过弹性散射慢化

撞的时候，动能全部转移到另一个球上面，原来的球停止了。即使不是正面碰撞，如第二个例子，碰撞会损失很大的能量。这是碰撞相同重量的球的情况。如果被撞的球是像铅一样重的球的话，就像下面的两个例子一样，铅球没有动，反而是台球被反弹了回去。在这种情况下，铅球一动不动，台球的能量几乎不会消耗，中子也是一样。让中子同相同重量的质子即氢原子核相碰撞能够最有效慢化，随着质量数的增加，被慢化的能量变小。以此为目的而使用的材料我们已经介绍过了叫慢化剂，并且知道包含质量数小的原子核在内的材料都能成为很好的慢化剂。

质量数小的原子核，可以从元素周期表最初的部分选出来,即氢、氦、锂、铍、硼、碳、氮、氧、氟等。然而并不是这些全都可以成为慢化剂,像氦这样的气体密度太低了的是不可行的。氮、氧、氟为单体,也不可行,需要和其他物质结合,并且本身已经很重,不能成为理想的慢化剂。

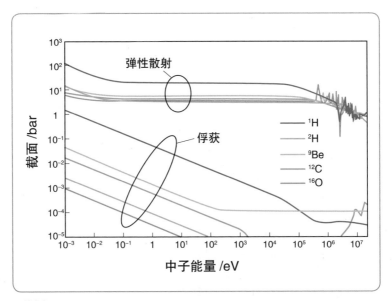

图18-2　弹性散射　俘获　^1H　^2H　^9Be　^{12}C　^{16}O　载面 /bar　中子能量 /eV

图18-2　作为慢化剂经常使用的核素的中子截面

图18-2表示作为慢化剂经常使用的核素的截面,图18-3表示质量数小但是有问题的核素的截面。锂及硼包含拥有大(n, a)截面的同位素,会吸收中子降低中子增殖系数,因此不可用为慢化剂。正如我们已经说过的,质子即氢的同位素 ^1H 慢化效果是最大的,然而对于热中子来说,其俘获截面会变大也是个问题。^2H 是仅次于此的较轻的核素,正如所预想的那样,原子核中含有中子,所以无法再摄入更多的中子,中子俘获截面非常小很适合作为慢化剂。仅仅是氢(^1H、^2H)的话会变成气体,

密度会变得很低，因此可以以水的形态（^2H_2O被称为重水）成为优秀的慢化剂进行使用。水构成的一部分氧的俘获截面，如图18-2所示，是非常小的，因此可以忽略。虽然重水是天然存在的，但是普通的水中只有相当少的数量，所以要通过浓缩生产。此外，虽然铍资源量比较少，但确实是很好的慢化剂。图中并没有描绘出来，对于高能量的中子而言$(n, 2n)$的截面比较大，中子的经济性很好。然而因其价高且有毒而不受欢迎，因此只能用于特殊的原子核反应堆。

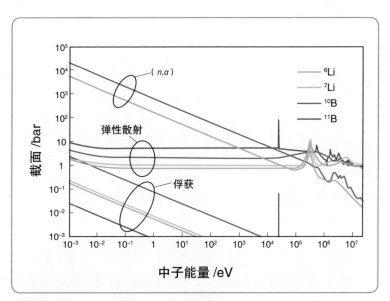

图18-3 质量数小但有问题的核素的中子截面

在这里总结一下，可以作为慢化剂的有重水和黑铅（碳）。为了与重水区分开来，一般水被称作轻水，轻水也无法作为天然铀的燃料。然而我们后面将会说到，轻水同浓缩铀相组合作为慢化剂而被广泛使用着。

中子在慢化的过程中, 没有被完全吸收吗?

　　核裂变所产生的中子的能量单位是 MeV。我们再仔细看一下图 17-1,可得知在使中子慢化到热中子能量 0.025 eV 附近的过程中,存在 ^{238}U 的较大的俘获截面的能量区域。假如中子持有该区域的能量的话,就会马上被 ^{238}U 俘获。特别是使用石墨等比较重的原子核的慢化剂,会一点点地慢化,所以在慢化过程中一定会发生这样的事情。然而,费米所指导的最初的原子核反应堆,是通过天然铀和石墨慢化剂的组合来实现的,正如我们接下来要说明的问题一样,这是通过燃料和慢化剂的非均质配置得以解决的。

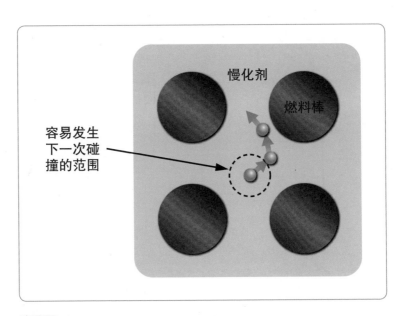

慢化剂

燃料棒

容易发生
下一次碰
撞的范围

图19-1　中子在燃料和慢化剂中碰撞的非均匀效果

我们可以像图19-1那样区分燃料棒和慢化剂，可想象为将燃料棒插入慢化剂的结构。由于关系到空间和能量双方，下面的内容我们边看图19-2边理解就很容易明白了。当中子碰撞之间的距离小于慢化剂的区域大小时，如图19-1所示，慢化剂中的中子进行下一次碰撞的概率就会变高。在慢化剂中碰撞后能量变低的中子依然存在于慢化剂中，所以在慢化剂中进行下次碰撞的可能性就很高。即中子在核裂变中产生之后，只要在慢化剂中发生碰撞开始慢化的话，就会有很高的概率继续反复在慢化剂中发生碰撞、慢化，直到变成热中子。这样就不会受到横跨核裂变所产生的中子的能量和热中子的能量之间能量的巨大 ^{238}U 俘获截面的影响，可以使其一直慢化到热中子。

我们之后将会说到，费米通过天然铀的燃料和石墨慢化剂

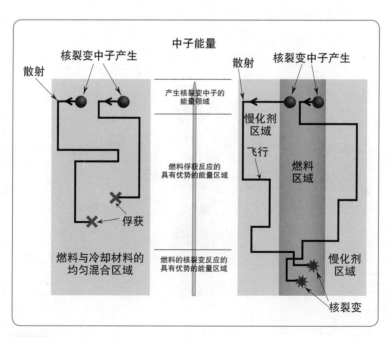

图19-2 利用非均质效果，堆芯变得更容易临界（中子典型的一生）

的组合实现了世界上最初的临界。如果他将铀和石墨均匀混合的话，就无法达到临界。他正是利用我们这里所提到的非均质效果才首次达到临界。

在我们后面马上要提到的各种热中子反应堆中，即使将微浓缩铀作为燃料，也是要使用该非均质结构的。

从未临界到临界，只需要拔出控制棒就可以吗？

如果读者不能很好地理解我们所提到的有关临界的内容，且又不知道其他有关知识的话，便自然会出现以下的疑问。最初，未临界期间，所存在的中子是燃料的很少一部分自行核裂变产生的吗？是宇宙射线撞击到地球上的物质并使其产生的吗？这些中子几乎都不存在。但是达到临界时，这样的中子就会变成诱因引发链式反应。然而这些中子不一定马上就会引起核裂变的链式反应。有时好不容易核裂变的链式反应刚刚开始持续的时候，中子随后就消失了，这在初期中子数比较少的情况下是经常出现的。通过控制棒的拉拔使反应持续，如果链式反应在达到超临界时被启动，中子就会急剧增加，是极其危险的。

很多情况下我们将未临界到临界称作接近临界，在接近临界的过程中，如我们之前所说的过程一样，拔出控制棒，这样是很危险的。实际上，是先将中子源放在堆芯或者旁边，再将控制棒拔出，如图20-1所示。即使是未临界，如果中子增殖系数起作用的话，中子源所产生的中子就会增加，并稳定在中子增殖

系数相应的值。临界时，中子数随着时间的推移会呈直线式增加，超临界时，就像我们在图7-2所看到的那样，中子呈指数函数式增加。

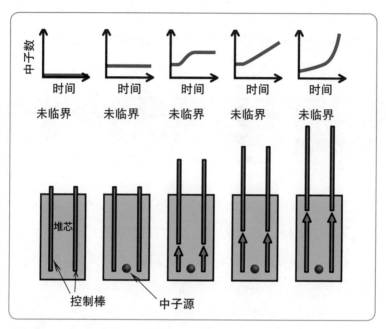

图20-1 在各种临界状态下中子束随时间的变化

　　由此我们可以发现使原子核反应堆达到临界的方法如图20-2所示。稍微将控制棒拔出，并稍微保持这种状态，在中子的计数稳定后，如果值变低的话，再稍微拔出控制棒，进行同样的操作。反复进行这样的操作，我们就会明白稳定后的中子计数的变化，可预计控制棒的位置，如果能够确认中子计数同时间成比例持续增加的话，就将中子源拔出，在没有中子源的状态下继续运行，确认中子数稳定在一定的数值。每个原子核反应堆的细节部分虽有不同，然而不论是哪一个原子核反应堆，都要进行这样的接近临界操作。

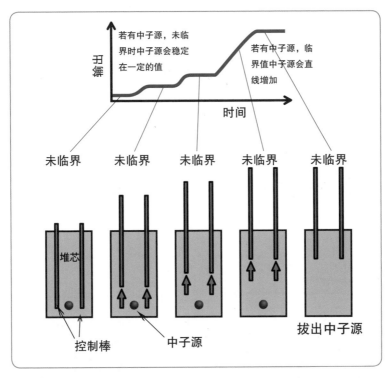

图 20—2　核反应堆的临界接近状态（要从未临界状态达到临界状态，需要在放入中子源的状态下拔出控制棒）

可能有人担心这样的操作会出现不稳定的状况。持有这种想法的人，请阅读我们之后介绍的缓发中子或者负反馈的内容。

Q21 原子核反应堆的功率是如何变化的呢？

我们已经讲述了未临界到临界的方法。那么如何变更原子核反应堆的输出功率呢？此时不使用中子源。思考一下我们所讲述的关于临界的所有知识。如图21-1所示的方法,描述的就是如何提高输出功率。假设最初是处于临界状态。稍微拔出一些控制棒,原子核反应堆就达到超临界,输出功率就逐渐提高了。在达到我们所预定的输出功率时稍微将控制棒插入一点,若恢复到临界状态,那么输出功率就不会再增大,就在这里固定。降低输出功率的情况与此相反,选择合适的时间将控制棒稍微插入一些就可以了。

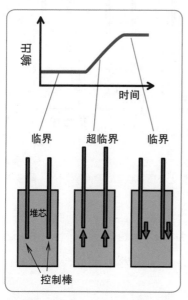

图 21-1 反馈不工作的情况下的功率输出上升

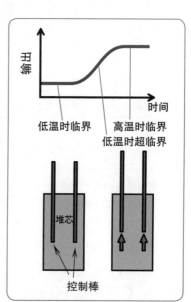

图 21-2 负反馈工作情况下的功率输出上升

道理是这样的,但实际上操作是否可行呢。初代中子的寿命是非常短的,根据原子核反应堆不同有很大的区别。一般的原子核反应堆,初代中子寿命甚至比1 s的1 000分之一更短。为了稍微减少输出功率,而插入控制棒使其达到未临界,突然间输出功率就会变成0,慌乱中拔出控制棒使其达到超临界,原子核反应堆就会突然间失去控制。不过请放心,在核裂变之后数秒,会在中子中产生被称为缓发中子的物质,它非常少,不过确实存在。出现缓发中子,超临界或者未临界才可以称为超临界或者未临界。因此超临界或者未临界的效果,只有在缓发中子出现之后才会出现。所以即使是人工操作,一般还是来得及的。

即便如此,这样的操作仍然要不断地注意以防止偏离临界状态,总会使人绷紧神经。存在一种负反馈机制可以使我们轻松地控制原子核反应堆。通过负反馈可以影响原子核反应堆的输出功率。正如以下内容,原子核反应堆的输出功率变高的话,中子增殖系数自动下降,相反原子核反应堆的输出功率变低的话,中子增殖系数自动上升。如图21-2所示,为了提高输出功率,将控制棒稍微拔出达到超临界状态之后,即使不特别将控制棒返回,输出功率也不会再继续上升。达到某种高度之后就会在那里达到临界,输出功率也会固定,这样就能够放心操作了,即该原子核反应堆即使是在控制棒或者冷却机器出现故障或者事故的时候,也有足够的时间进行处理。负反馈为什么会启动呢?这一点我们将在Q22进行说明。

关于控制棒的插入,再稍微补充一些内容。一般的原子核反应堆中,出现危险状态的话会发出危险信号,即使操作员忘记操作,也会自动将控制棒插入,停止原子核反应堆,这种情况下被插入的控制棒被称作安全棒。

关于控制棒说了不少,我们再稍微说明一下在原子核反应堆操作中通过重要的泵所进行的冷却剂流量的控制。在操作固定冷却剂的堆芯出口温度时,应该考虑到材料的制约以及热效率，变更输出功率的时候，也应该变更冷却剂的流量，这样更利于操作。比方说，在插入控制棒输出功率变小的情况下，冷却剂出口温度就会下降，所以就要减少冷却剂的流量以维持冷却剂的出口温度。

在日本，现在不论哪个原子核反应堆都是在固定的输出功率下运行的，不会随着需求的变化而改变输出功率。因此即使用电需求减少的情况下，仍然是全输出功率运行。所以日本的核能发电在所有电力中所占比例被控制在了30%左右。而法国核能发电的比例在70%以上，用电需求减少的时候，他们通过减少原子核反应堆的输出功率进行对应。

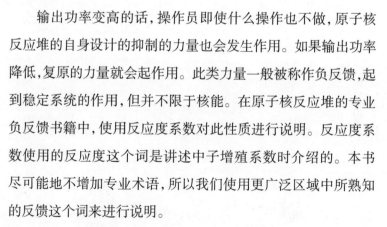

Q22 再具体说明一下负反馈

输出功率变高的话，操作员即使什么操作也不做，原子核反应堆的自身设计的抑制的力量也会发生作用。如果输出功率降低，复原的力量就会起作用。此类力量一般被称作负反馈，起到稳定系统的作用，但并不限于核能。在原子核反应堆的专业负反馈书籍中，使用反应度系数对此性质进行说明。反应度系数使用的反应度这个词是讲述中子增殖系数时介绍的。本书尽可能地不增加专业术语，所以我们使用更广泛区域中所熟知的反馈这个词来进行说明。

那么原子核反应堆中的负反馈是如何发生的呢，我们简单地说明其机制。

随着输出功率上升温度会上升。利用这一性质进行设计，在温度上升时，减少中子增殖系数。下面我们介绍下所利用的有代表性的4个机制。

1）热中子平均能量的增加（来自慢化剂温度的反馈）

图5-3（a）表示^{235}U的核裂变截面。我们知道在热中子区域，随着中子能量的上升，截面就会变小。除了^{235}U之外，堆芯中还存在很多的核素。

图22-1表示热中子区域重要的几个具有代表性的原子核截面。在轻水反应堆等现在一般运行的原子核反应堆中，核裂变截面相关的内容基本上都在这里了，而俘获截面，除了受燃料影响之外，还同冷却剂、慢化剂、结构材料、控制材料、核裂变产物（FP）等很多核素有关。

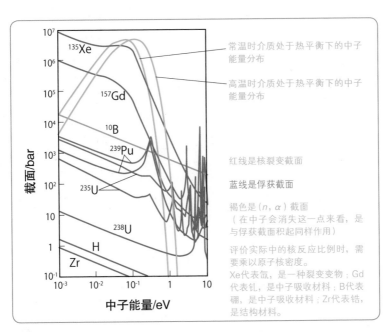

图22-1　在热中子区域的反应截面和热中子的能量分布

此处所示内容为单个原子核的截面，实际上发生有效作用的是这个数值乘以原子核的个数密度。^{238}U、H、Zr 等核素的个数密度在设计上各不相同，不会随着时间的变化而变化。^{235}U 及 ^{239}Pu 随着燃烧时间的变化而变化。^{157}Gd 以及 ^{10}B 被用于控制，受时间、位置的影响很大。FP 中包含了很多核素，然而这里表示的是截面较大的 ^{135}Xe。虽然这个值非常大，密度却非常小，所以作用就比较小。实际上，^{135}Xe 产生于核裂变中，所以中子束的值变大的话，存在数量也会变大。不过中子束非常大的情况下，^{135}Xe 对中子的吸收接近一恒定值，为核裂变的 6.5%。

这个图中也记载了热中子的能量分布。温度变高的时候，中子的平均能量也变高，实际有效的截面也发生变化。据此中子的吸收及核裂变的平衡就会发生变化，中子增殖系数也发生变化。同实际有效的核裂变截面的变化相比，实际有效的俘获截面是如何变化的呢，这一点很重要。看下图 22-1 就能够明白，当中子能量变大两个数量级的时候，很多的截面就会减小一个数量级。所有的截面都如此的话，在可以忽略堆芯中子遗漏时，即使温度发生变化，在各反应中相对反应量也不会发生变化，中子增殖系数也不会发生变化。然而实际上很多的截面都偏离这样的线，温度变化时，各自的相对反应量也发生变化。对于 ^{135}Xe 和 ^{157}Gd，随着温度变高，相对吸收量便会减少，中子增殖系数趋于变大，即正反馈在起作用。从设计要求上来说最好是负反馈，然而一般很难构成这样的堆芯。在使用固体慢化剂的原子核反应堆中有时无法实现负反馈，此时我们可以利用接下来要说到的燃料温度的负反馈以确保安全性。一般同燃料的温度变化相比,慢化剂的温度变化比较滞后,即使是这种形式的负反馈在很多情况下也是可以确保安全的。

2)慢化能量的减少(来自慢化剂密度的反馈)

在使用轻水反应堆之类的液体慢化剂的情况下,更容易实现负反馈。这时通过平衡之前所说的中子能量及慢化剂的热能,获得较大的来自慢化剂密度变化的效果。慢化剂的量太少的话,中子就无法足够慢化,相反太多的话,氢的中子吸收就会变大,因此无论哪种情况,过头的话就会往未临界的方向发展。从这一点我们可以理解如图22-2所示内容,将慢化剂的量从最初较少的量开始增加的话,中子增殖系数会先增加,最终会达到最大值,之后开始减少。将刚好到达临界的设计点控制在中子增殖系数最大值之前,即控制在慢化不充分的区域,这就是我们在此要说的方法。这样设计,发生事故时慢化剂的温度上升时,慢化剂的密度就会减少,慢化就越来越不充分,中子增殖系数就会变小,即负反馈会产生作用。

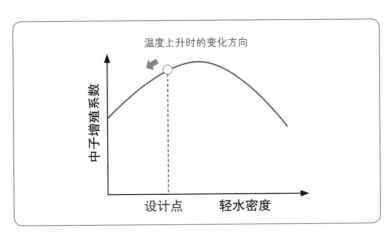

图22-2 轻水堆的设计点

3）中子共振反应的增加（来自燃料温度的反馈）

我们看一下图5-3（b）的 ^{238}U 的俘获截面，每7 eV就会发现共振峰值，并且这样的结构还会在比此更高的能量中继续。图22-3所示为共振能量区域中的俘获截面以及接下来所要说到的散射截面的图解。这一共振是非常明显的，如果中子能量达到共振峰值，很多中子就会被该原子核（我们称作靶核）所吸收，然而不是所有的中子都被吸收，同慢化剂相碰撞的中子避开目标吸收，会丢失远超共振能量幅度的能量，基本上会脱离共振能量区域。

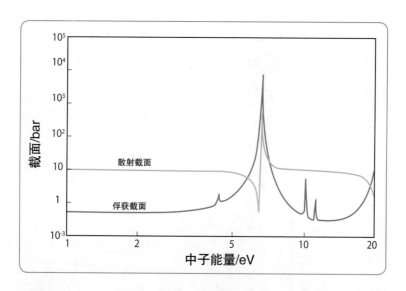

图22-3　^{238}U在7 eV附近的中子俘获截面和散射截面

图22-3所示靶核截面表示的是常温状态下靶核基本上静止时的数值，然而靶核在运动时会稍有不同。具有某些能量的中子同靶核碰撞时，靶核同中子同向运动或者背向运动发生碰撞时，中子的实效能量不一样。同向运动的时候，实效能量当

（a）若目标向着中子移动，其碰撞的实际能量会变高，而若向相反方向移动，则会变低。

目标向中子反对方向移动

碰撞的实效能量会变高

目标向中子相同方向移动

碰撞的实效能量会变低

（b）截面积弧包围的面积不变时，共振俘获截面会扩大。相同核素的散射截面也会扩大，然而随着温度的增高，振动成分会急剧减少并变缓。由于慢化材料的散射截面不存在共振结构，因此温度不变（为了促进理解，截面的图表改变了实际数值）。

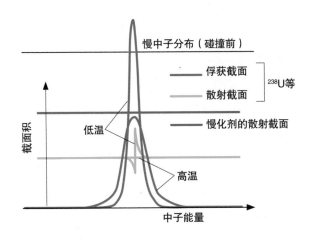

图22-4 共振吸收的多普勒效应

然会变高，背向运动的时候实效能量会变低［见图22-4（a）］。该效果类似于多普勒效应，在原理上是相同的，多普勒效应是通过运动体所发出的声音的变化而为人所知晓。该效应同样也被称作多普勒效应。该效应在高能量的中子中可以被忽略，不过对慢化到eV区域的中子会产生很大的影响。

我们试着思考温度上升时中子的截面。靶核的密度变化会在下面的膨胀效果中再次进行说明，所以在此先忽略。碰撞能量是中子对靶核的相对运动的能量变换来的，横轴以中子能量表示截面，呈横向扩展的分布状态［见图22-4（b）］。不过靶核的运动方向是随机的，碰撞的能量变高，或者变低时截面就会消失，因此用能量求截面的积分时，同温度的变化没有关系，会是相同的值。换句话说，截面曲线下面的面积不发生变化。

这里我们说过不管温度高低如何，截面曲线所包围的面积不变，而实际上共振吸收的中子数量是发生变化的。我们在此讲一下这一点。一般认为在慢化剂慢化作用下进入共振能量区域的中子的能量分布基本上是一样的。由于即使温度发生变化，原子核的数量也不发生变化，因此同原子核一碰撞就马上被共振吸收的中子的数量也不会发生变化。在共振能量中一旦避开共振吸收，那么即使该中子脱离了共振能量区域，也不会被该共振所吸收，这样的话共振吸收的中子的数量是不变的，不过如果来自散射的慢化变少的话，有可能会在共振能量区域中再次被碰撞吸收。来自靶核的散射基本上没有慢化，这种情况是很重要的。请回忆目标比较重的情况下基本上不会使中子慢化的内容（参照图18-1）。

我们来考虑一下，在共振能量区域作用下被慢化，在进行几次可以忽略慢化的碰撞之后，被共振吸收的中子。这样的中子便是进入共振能量区域的中子,这样的中子的数量,随着共振能量区域幅度的增大而变多。其实如此产生几次碰撞之后,被共振吸收的中子的数量,随着共振能量区域幅度的增大变得越来越多。即温度变高时共振幅度增大,共振吸收的中子的数量变多。

正如我们所看到的,^{238}U的吸收截面在eV区域具有较大的共振。据此在以天然铀或者微浓缩铀作为燃料的原子核反应堆中,可以支持燃料温度的负反馈。

4)膨胀

如图22-5所示,随温度的上升,燃料或冷却剂等堆芯内的物质密度会变小。对中子来说,介质就像空隙,中子就不容易被原子核撞击。因此堆芯容易遗漏中子,中子增殖系数一般会下降。

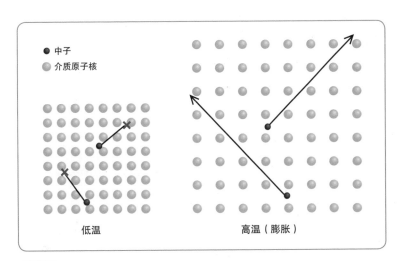

图22-5 温度上升的话,中子变得更容易渗透

5)结构材料的变形

随着温度上升,构成堆芯的结构材料会发生膨胀。利用该

性质，便可根据不同场所的不同温度，改变材料，或随着温度上升，堆芯的形状就会使其变形从而降低中子增殖系数，实现负反馈。

不论是哪一种机制，都是纯粹的物理现象，注意不要加入人为动作。但是4）的结构材料的膨胀，可能会产生预想之外的事情，涉及该问题时一定要细心留意。

进行核裂变的话，会未临界吗？

随着核裂变的进行，可裂变物质会变化为裂变产物。因此在原子核反应堆中，产生的中子数量较被吸收的中子数量会减少，即中子增殖系数会减少。最初即使是原子核反应堆刚好达到临界状态，也会马上进入未临界状态，这样一来原子核反应堆就无法运转。为了避免此类事情的发生，需要提前在原子核反应堆中装载多余的可裂变物质。然而单单这样做的话会进入超临界状态。为了使其保持在刚好临界的状态，需要同时装载中子吸收材料。随着可裂变物质的减少，通过拔出中子吸收材料，来维持核能的临界状态。

为了实现中子吸收材料的轻松插入、拔出的操作，很多情况下都将其制作成棒状物，被称作控制棒。关于控制棒我们会在下节进行说明。其被用于原子核反应堆的启动停止、输出功率的控制、燃烧的控制以及作为安全棒的控制棒。为了达到相应的作用，需要分别进行设计。

图23-1表示燃烧过程中中子增殖系数的变化，从定量上再稍微说明下燃烧控制。在中子增殖系数的图解中，红色和绿色部分之和，是来自燃料的中子增殖系数。用控制棒减去红色部分，使其刚好进入临界状态。由于可裂变物质变成了裂变产物，所以来自燃料的中子增殖系数减少，减少的部分用蓝色表示。中子增殖系数减少，这部分不需要通过控制棒减去，控制棒的效果用红色表示，随着燃烧的进行，变得越来越小。

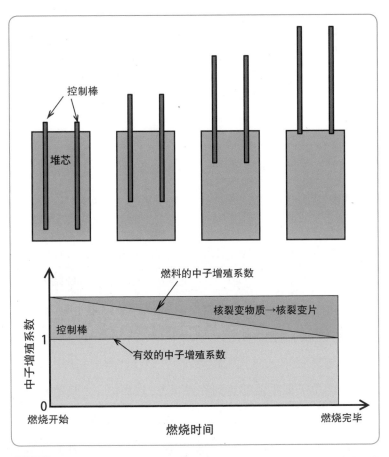

图23-1 燃料燃烧时用控制棒随临界调整的原理（燃烧时伴随控制棒位置的变化和中子增殖系数的变化）

中子吸收材料吸收中子后，一般会变成不再吸收中子的物质，因此，可以一直放在原子核反应堆中。即这样的吸收材料即使不从原子核反应堆中去除，其效果也会在燃烧的同时慢慢变小，如图23-1所示红色部分。这样的中子吸收材料被称为可燃毒物，仅仅使用可燃毒物难以刚好达到临界状态，一般同控制棒一起使用。虽然同样使用控制棒，然而这种情况下控制棒的数量可以减少很多。

如何从天然铀中提炼出浓缩铀呢？

天然铀中只有0.7%是^{235}U。剩下的99.3%是^{238}U，此时，不依靠热中子就无法达到临界状态。对于希望制造原子弹的人来说，通过利用热中子的核裂变，是不可能制造原子弹的。这是因为，慢化需要花费时间，即使好不容易达到了超临界状态，产生的能量在达到可以称为炸弹的规模之前，在其热量作用下，炸弹也很分散，中子的泄漏太多而变成未临界状态，最终就这样结束。如果利用快中子实现超临界状态的话，连续核裂变之间的时间变得极短，便有可能在保持炸弹原形的同时，产生相当大的能量。

在解释图17-1时我们稍微提了一下，此图中，使用核裂变所产生的中子似乎能够达到临界状态，然而由于^{238}U的非弹性散射，^{238}U较大的俘获能量领域使其慢化，因而无法达到临界状态。^{235}U也存在非弹性散射，然而没有^{238}U那么大，且即使是在如图5-3所示慢化能量区域中，核裂变的截面也足够富余，可以达到临界状态。正因如此，作为制造原子弹的一个方法，在曼哈顿计划中，有人提出了浓缩^{235}U并将其用于原子弹的方案。

迄今为止，化学分离广泛地进行，开发出了各种方法，这些方法都是利用元素的不同性质加以区分的。^{235}U和^{238}U是相同的铀元素，不能使用这样的方法。虽可以使用同位素的质量数之差加以分离，但同化学分离相比这是极为困难的。

在核物理区域中用高能量的粒子撞击原子核，使其发生反应是非常重要的研究方法。当时曼哈顿计划中，为得到高能量的粒子，使得加速器的建设飞速发展。尝试使用巨大的电磁铁对^{235}U浓缩。对于^{235}U和^{238}U的回旋离子，比较重的^{238}U相对轻的^{235}U弯曲程度更大。此项目当时暂时取得了成功，对首个利用^{235}U的原子弹的制造做出了巨大贡献，然而由于效率很差，不久后未再使用。

取代此方法的是气体扩散法，即将铀变成六氟化铀（UF_6）的气体（常温下是液体，在高温下使用），并通过多孔材质的膜，同重^{238}U相比有更多的轻^{235}U能够通过扩散膜。然而^{235}U和^{238}U的质量差很小，^{235}U的浓度只能略高一些。因此将几段这样的分离装置连接在一起，慢慢提高浓度。这样很多浓缩装置连接在一起的系统被称作串联，是一种惊人的巨大设备。照片图24-1为曼哈顿计划中所建造的橡树岭的气体扩散法铀浓缩工厂的照片，与周围小点状的汽车相比，可以得知是多么地庞大。

气体扩散法是由于设备过于巨大或泵会消耗大量的能量，因此之后开发出利用离心作用的浓缩法。其原理如图24-2所示，这里的铀也是以UF_6的形态使用的。在回转器中插入原料UF_6，回转器旋转时，重的^{238}U向外侧、轻的^{235}U向内侧运动。

图24-1 橡树岭的气体扩散法铀的浓缩工厂

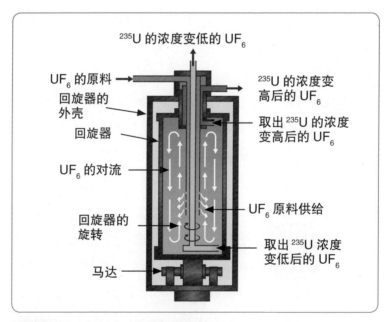

^{235}U 的浓度变低的 UF$_6$

UF$_6$ 的原料

回旋器的
外壳

回旋器

UF$_6$ 的对流

回旋器的
旋转

马达

^{235}U 的浓度变
高后的 UF$_6$

取出 ^{235}U 的浓度
变高后的 UF$_6$

UF$_6$ 原料供给

取出 ^{235}U 浓度
变低后的 UF$_6$

图24-2 利用离心机分离方法的铀浓缩

如图所示回转器中的 UF$_6$ 对流，分别上下移动，^{235}U 浓度比较高
的 UF$_6$ 由上部中心轴附近提取，^{235}U 浓度比较低的 UF$_6$ 由下部

外围附近提取。然而仅仅一个装置无法将浓缩度提高如此之多,因此使用很多的装置串联起来制作浓缩铀。这是现在更广泛使用的铀浓缩法。在日本青森县的六个村子里,有使用该方法的铀浓缩工厂正在运行,伊朗铀浓缩问题也是使用这个方法进行的。

除以上所说的众多方法之外,还提出开发利用^{235}U和^{238}U对激光的不同吸收频谱的方法等很多的浓缩法。

铀浓缩较大的问题就是对核扩散的担忧。为了进行铀浓缩,除了需要高度的技术能力以及庞大的资金之外,还需要遵守严格的管理和很多的国际规则。进行铀浓缩的所有国家,都需要在严格的国家管理之下进行。此外我们都知道,在国际上被认为危险的国家一旦开始铀浓缩,便会引起很多国际问题。即使停止对核能的和平利用,这些问题依然存在。一般认为现在最好的解决方法反而是促进核能的和平利用,借助国际机构IAEA的力量进行规范使用。关于这些问题迄今为止已经做了很多努力,今后仍需更加努力。

现在一般运转的原子核反应堆,没有使用天然铀吗?

最初的原子核反应堆是将天然铀作为燃料使用的。浓缩成本非常高,所以商业用途的原子核反应堆貌似都广泛使用天然铀,而实际却不是这样,在这里我们就此进行说明。

我们已经讲述过能够将天然铀作为燃料进行利用的慢化

剂,仅限于重水、铍、碳(以石墨形态利用)。在这些原子核反应堆中,使用水或者二氧化碳等气体作为冷却剂。

最初的原子核反应堆将天然铀作为燃料,将石墨作为慢化剂。其输出功率基本上是0,不需要冷却,也不适用冷却剂。与其说是原子核反应堆,倒不如说是临界装置。关于这一点我们将在Q35进行说明。

重水和石墨适合用作使用天然铀的原子核反应堆中,最初开发的原子核反应堆是为了生产原子弹所需要的钚。现在重水和石墨被用于发电用原子核反应堆的慢化剂。

关于石墨,在核能开发初期,建造了很多使用天然铀燃料的原子核反应堆。苏联开发了以浓缩铀为燃料,以水为冷却剂的反应堆,这是世界上最初的核能发电站。而英国则开发了将天然铀作为燃料,将二氧化碳作为冷却剂的反应堆,之后还出口到日本,这成为日本最初的核能发电站。不过之后,此类型的原子核反应堆不再被建造,取代它的是高温气冷反应堆,其使用浓缩铀燃料的小球、外面包覆以碳为主要成分最大直径在1 mm左右的小球构成的包覆核燃料颗粒。这种原子核反应堆利用高温能量,由几个国家共同研究开发,目前距离实用化仅一步之遥。关于这一点我们将在Q36和Q38进行说明。

关于重水,加拿大开发的以天然铀作为燃料的坎杜反应堆正在运行。这个反应堆由于可以使用天然铀,因此备受欢迎,可以在对浓缩铀供给感到担忧的国家中使用,即使现在,其受欢迎程度也仅次于轻水反应堆。关于这一点将在Q37进行说明。

正如我们已经说过的那样,轻水的慢化性能是最优秀的。

如图18-2所示,其对热中子的俘获截面的值非常大,所以不可能用于建造以天然铀作为燃料的原子核反应堆。然而如果稍微浓缩一下 ^{235}U 的话便可以了。关于轻水正如下节所述,慢化性能大,可以同时作为冷却剂和慢化剂进行使用,所以堆芯可以做得非常小。这样的话,首先可以开发用于核动力潜艇的原子核反应堆。在积累很多经验的同时,小型堆一般经济实惠,作为发电反应堆明显能够发挥其优秀的性能。这里所说的小型堆意思是相同输出功率的情况下,比起其他反应堆属于小型堆。输出功率密度相同的话,一般大型的反应堆更经济。现在,实际上运行最多的原子核反应堆就是这种轻水反应堆,运行使用浓缩到3% ~5%的浓缩铀。关于这一点在下面的问题中进行说明。

轻水堆同其他原子核反应堆相比能够小到什么程度呢?

因慢化剂不同,堆芯大小是如何变化的呢? 图26-1以单位输出功率的体积形式对此进行了说明。横轴为慢化距离,这是指核裂变中产生的中子成为热中子时,距离产生地的平均距离。中子在轻的慢化剂中经历更少的散射次数而变成热中子,因此慢化距离小。根据冷却方法的不同,每单位输出功率的体积也会发生变化,因此即使是相同的慢化剂,数值也会出现较大的波动。我们知道在使用慢化距离大的慢化剂时,需要增加慢化剂的量,堆芯会变大。压力管式石墨慢化沸水反应堆(RBMK)以轻水作为冷却剂,其他的石墨慢化反应堆以二氧化

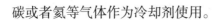

碳或者氦等气体作为冷却剂使用。

　　代替以往使用的内燃机,将原子核反应堆装配到潜水艇上,并且进行了早期试验。核动力潜艇可以作为搭载核武器的导弹发射基地进行使用,被认为是极其重要的革命性武器。可以说是不被敌方知道位置,便可自行移动的导弹发射基地。之前的潜水艇,发动机的运转需要大量的燃料和空气,不可以长时间地潜伏在海底。如果潜水艇上装备原子核反应堆的话,有望实现最小型化。图26-1中所示的热中子反应堆中最小的轻水

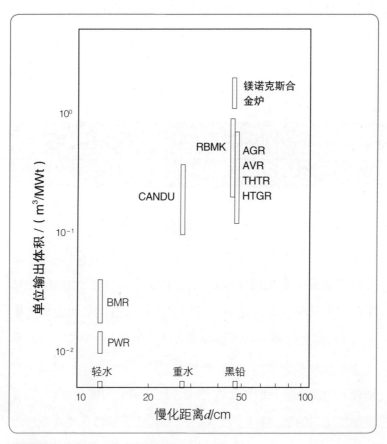

图26-1　各种核反应堆堆芯单位输出的体积

反应堆已经在潜艇上被尝试使用。

另外,输出功率相同时小型堆更加经济实惠。尽管需要浓缩铀,不久会用于发电反应堆,现在发电用原子核反应堆基本上都是轻水反应堆。

轻水堆的结构是什么样的呢?

轻水反应堆不仅将轻水用作慢化剂,还将轻水用作冷却剂。轻水反应堆发电系统如图15-1所示,原子核反应堆所形成的蒸汽转动涡轮,带动与此联动的发电机进行发电,蒸汽温度越高发电效率越高。然而在一个大气压的环境下水在100℃会沸腾,因此轻水反应堆需要提高压力并提高沸点才可运行。这与轻水反应堆中图15-1中的PWR(压水反应堆)相对应。

除了轻水反应堆以外还有沸水堆(BWR),由于产生蒸汽后的系统相同,图27-1所示为之前的系统比较。轻水反应堆冷却水的压力非常高,因此很多原子核反应堆的容器被称为原子核反应堆压力容器,本书中也称作原子核反应堆压力容器。为了使原子核反应堆压力容器中产生蒸汽,BWR无需像PWR那样的蒸汽发生器。然而为了从原子核反应堆上方获取蒸汽,原子核反应堆容器上部结构非常复杂,同时,控制棒是从反应堆堆芯的下部插入,为了提高反应堆堆芯的冷却能力,需要再循环泵。

我们已经说过燃料被做成燃料棒,现在再稍微详细说明一

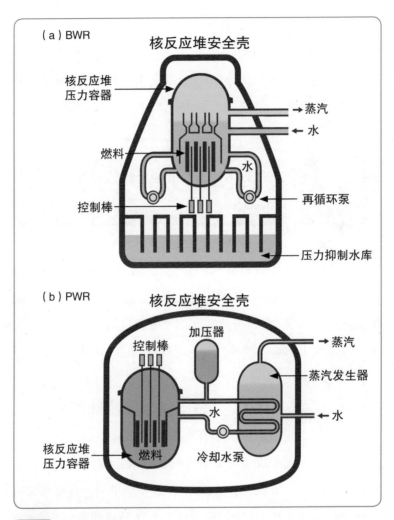

图 27-1 轻水堆的结构

下。首先,冲压二氧化铀粉末,然后烧结成圆柱形的燃料块。将燃烧块装填在包覆管中,制成燃料棒。进一步收集燃料棒组成燃料组件,装填在堆芯。BWR 和 PWR 的燃料组件的结构如图 27-2 所示。在 BWR 的堆芯引起沸腾,而且比邻的组件的输出功率密度不同。因此,根据每个组件的输出功率密度,配置

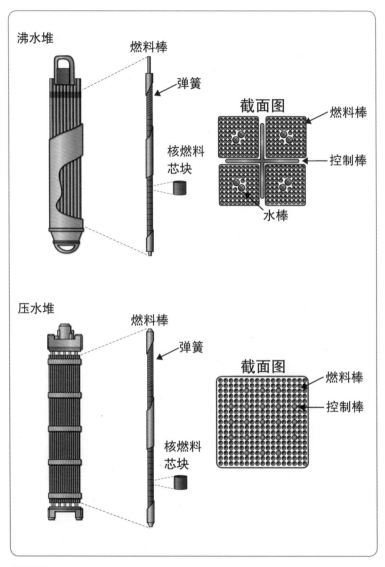

图 27—2 轻水堆的燃料棒组件

不同的冷却剂流量运行,不能让冷却剂流入旁边的组件。而在 PWR 中,是将几根控制棒插入燃料组件中,BWR 则在 4 个燃料组件中间插入十字形的控制棒。

Q 28 如何致力于快堆的开发呢?

现在运行的原子核反应堆基本上都是轻水反应堆,轻水反应堆以浓缩铀中的 ^{235}U 为主进行核裂变。虽然 ^{235}U 只占天然铀中的0.7%,然而轻水反应堆能够利用的铀刚好接近0.7%的数值。这一点用图28-1进行说明。

这个图表示天然铀、燃料以及放入轻水反应堆燃烧之后取

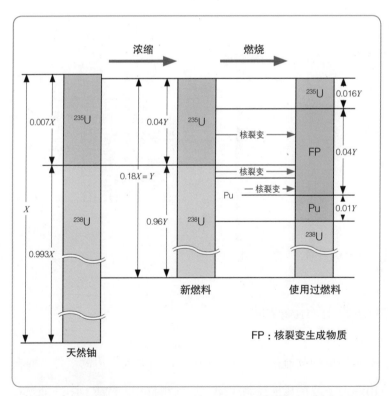

图 28-1 在轻水反应堆中铀的利用（使用后燃料中FP的量成为靠近天然铀中的 ^{235}U 的量）

出的燃料等所含有的核素的量。天然铀的量用X表示,由此做成的轻水反应堆燃料的量用Y表示。

首先我们从浓缩天然铀后制作新燃料开始。浓缩过程中,保有^{235}U的同时去除^{238}U,提升^{235}U的存在比例至4%。这样在天然铀和新燃料中,只有^{235}U的比例增加了,但量基本上没有变化。^{238}U的量应该减少了,在这个例子中,Y变成了X的18%。燃烧过程中,^{235}U减少了,40%没有完全核裂变残留了下来。不过^{238}U和快中子也发生核裂变,变成了^{239}Pu,^{239}Pu继续核裂变,这样核裂变的总数同原来的^{235}U的数量基本相同。这从图中燃烧前的^{235}U和燃烧后的核裂变产物(Fp)的量基本相同可以看出来,核裂变的量同FP的量相同。我们可以认为图示的量为原子的数量,也可以认为是重量。不过如果说到原子的数量,FP在1次核裂变中生成2个,所以在计数的时候,请把2个原子作为1个原子进行计数。

最后在通过核裂变被用作能量的天然铀中,^{235}U所占比例为0.7%。经常有人说"在轻水反应堆的天然铀中,只利用^{235}U",不过我们上面的说明是为了方便一般人的记忆而做的简单说明,正确来说,^{235}U不能完全燃烧,有一部分能量是^{238}U提供的。

随着浓缩度的改变,燃烧度也会发生变化。不过现在所讨论的轻水反应堆,燃烧A%的浓缩度的燃料的话,可获得A%的裂变产物。这样,仍然是0.7%的天然铀被用作核裂变。通过改变原子核反应堆的种类,可以使这个数值发生变化,然而由于利用热中子的核反应堆都差不多,最多也只能是利用天然铀的几个百分点。

铀资源有多少还不清楚，然而目前已经进行了相当大的调查探索，已获知大致的情况。轻水反应堆继续使用的话，如图11-2所示可以预测为，今后可以维持85年左右。这样就无法解决能源问题。利用快堆我们知道天然铀中的^{238}U基本上都转化为^{239}Pu，铀的利用可以达到轻水反应堆的100倍左右。于是我们可以认为铀的价值变得更高，这在经济层面还是可以成立的。现在的铀储量是由铀的价值决定的。如果说不管多贵的铀都可以的话，其储量就会飞速增加，在很长一段时间内，人类都可以持续使用铀。

为什么使用快堆可以有效利用铀呢？我们对此再次进行说明。

Q29 为什么利用快堆可以有效利用铀呢？

如在图17-1所看到的那样，中子能量变化的话，核裂变截面也发生变化。俘获截面也基本上以同样的比例发生变化。那么随着中子能量的变化，这一比例会发生什么样的变化呢？原子核中吸收一个中子时所放出的中子数用η（希腊文字，读作eta）表示。请不要将这个η同我们所说过的每个核裂变释放出的中子数相混淆。η是用每个核裂变反应释放出的中子数乘以吸收中子时发生核裂变的概率。η随着碰撞中子的能量变化而变化，如图29-1所示。

观察图29-1我们就会知道，关于热中子，所有核素的η都

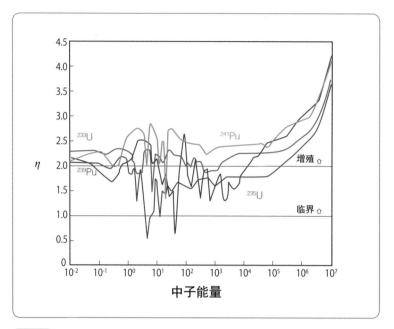

图 29-1 重要的可裂变核素 η 随中子能量的变化

只有大约2的数值,然而当能量达到0.1 MeV(10^5 eV)以上时,会急速变大。这样会出现很多中子,不仅仅能够维持链式反应,多余的中子也能够利用。让^{238}U吸收这些中子,正如我们之前所说的,能够产生^{239}Pu。即在消耗可裂变物质的同时,也能够生产可裂变物质。消耗1个可裂变物质所产生的新的可裂变物质的量被称作转换率。若η的数值比2大得多的话,产生的1个中子为了维持链式反应,就会被用于下一次核裂变。残留的1个以上的中子可以用于生产新的可裂变物质,转换率也就会比1大。即在消耗的可裂变物质的基础上,会产生很多的可裂变物质,这被称作增殖,此种情况下的转换率一般被称作增殖率,这样的原子核反应堆被称作增殖反应堆。

严格来说，消失的原子核同新产生的原子核分别是^{235}U和^{239}Pu的情况下，只有出现不同的时候才称作转换率，而两者均为相同的原子核，产生的量比消失的量大的时候称作增殖率。不过本书中不进行严格的区分。

将钚作为可裂变物质的快堆，被认为是最有可能的增殖反应堆。这一原子核反应堆被称作快增殖反应堆。日本正在研发的"文殊"正是这种快增殖反应堆的一种。

^{233}U看上去可能增殖，是怎么增殖的呢？

虽然^{233}U不是天然存在的，但可由^{232}Th进行生成。钍（^{232}Th）天然大量存在，地壳中的存在量比铀还多。最近同稀土元素一起开采出了大量的钍，成为放射性废弃物，强烈希望其能够得到有效利用。将钍用作母体材料的增殖反应堆被称作钍基增殖反应堆，非常期待其能够得以有效利用。钍基增殖反应堆，可以用于快堆，不过增殖性能不如铀增殖反应堆（主要的可裂变核素为^{239}Pu）。

一方面，铀增殖反应堆不可用于热中子反应堆，从图29-1我们可以看到，^{233}U相对于热中子的η值超过2，钍基增殖反应堆倒有希望用于热中子。然而由于中子不怎么富余，因此实现热中子增殖反应堆需要下很大的功夫。

使用液体燃料的话，可以在运行过程中取出一部分燃料进行再处理。通过使用液体燃料，尽可能地减少控制棒的燃烧控制以及裂变产物的寄生性中子吸收，便可设计出钍基热中子增殖反应堆。

　　将熔盐作为液体燃料使用的原子核反应堆被称作熔盐反应堆，在美国曾进行过实证试验。然而由于当时追求的是加速可裂变物质的增加，而且同快增殖反应堆相比，在增殖上需要花费很长的时间，所以熔盐热中子增殖堆的开发便被叫停。之后由于核裂变产物为首的放射性能量较高的物质在原子核反应堆中到处活动，比较令人棘手，于是研发活动就处于停滞不前的状态，然而最近作为下一代反应堆的候补，又开始受到人们的关注。图30-1列举的是下一代原子核反应堆候补之一的熔盐反应堆的概念图。慢化剂是石墨，石墨内部挖出渠道后放入堆芯，熔盐燃料在渠道中流动。在这样的设计下，热量传递到中间圆环中不包含放射性物质的其他熔盐，然后传递给最终的冷却剂。这里最终的冷却剂就是气体，然后带动汽轮机进行发电。此反应堆有多种设计，日

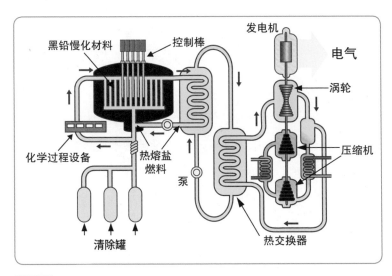

图30-1　作为下一代核反应堆的候选之一的熔盐反应堆

本民间也有热心推崇的团体,对其提出过独特的设计。

　　像化学设备那样使液体燃料不断循环运转的原子核反应堆,其结构优秀,独具魅力,但由于高放射性物质以液态形式到处活动,会带来密闭及材料腐蚀等相关难题。考虑到这些因素,美国设计了使用固体燃料棒的增殖反应堆,实际建造并运行,其增殖效果也得到了证实。正如我们所说过的,钍基增殖反应堆必须要极力避免浪费中子,因此去除燃烧控制的控制棒,取而代之的是通过活动燃烧棒进行燃烧控制。增殖经过实证证明是成功的,而后期开发却无动于衷。

快中子增殖堆是什么样的原子核反应堆呢?

　　快增殖反应堆无法慢化中子,且无法将水用作冷却剂。虽然考虑使用各种液体金属以及气体作为候补,不过从优越的冷却能力方面考虑,现在使用液体金属钠的设计走在了开发的前列。

　　此类情况下的原子核反应堆系统如图31-1所示。最终产生蒸汽,并会用此发电,然而由于放射性的钠水接触是非常危险的,因此在一回堆钠和水之间放入二回堆钠的循环。这样一来,即使蒸汽发生器中钠水发生了反应,二次钠也不会被放射化,不会形成较大的事故。

　　堆芯放入了冷却剂、结构材料等很多燃料之外的东西,这些东西吸收中子,所以增殖并不容易。因此在堆芯和反射体之

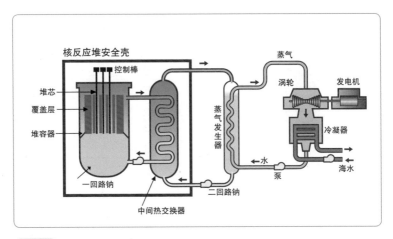

核反应堆安全壳

控制棒

蒸气

堆芯

涡轮

发电机

覆盖层

堆容器

蒸气发生器

冷凝器

一回路钠

水 泵

海水

二回路钠

中间热交换器

图31-1 快中子增殖反应堆的系统

间一般放置被称为覆盖层的区域。覆盖层中插入天然铀或者贫铀。贫铀如图28-1所示,是在从天然铀制作浓缩铀时,从天然铀中提取的多余的^{238}U。对于堆芯遗漏的中子,并不会放任其漏到堆芯之外,而是通过覆盖层的^{238}U对其吸收而生成钚。这样一来,含有大量钚的堆芯以核裂变产生能量为目的,含有大量^{238}U的覆盖层以生产钚为目的,从而设计出分工明确、有效的增殖反应堆。

图31-2所示为快堆燃料组件的图形,快堆目前在世界上正处于开发阶段,尚无确定的设计,图31-2说明的是日本开发的"文殊"设计。在轻水反应堆中,将氢氧化铀用于燃料球中,然而为了提高增殖性能,正在进行金属燃料相关的研究。

在Q17中,我们使用图17-1,说明通过对^{235}U的核裂变截面及^{238}U的俘获截面的比较,要将天然铀用作燃料,快堆是不可以的,只能使用热中子反应堆,即使将^{235}U换成^{239}Pu也是同样。快堆若要达到临界状态,需要提高可裂变核素的密度。在轻水

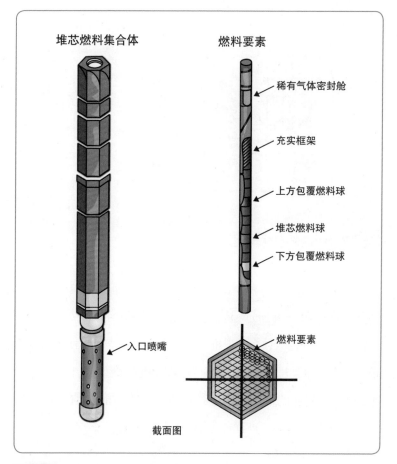

堆芯燃料集合体　　　燃料要素

稀有气体密封舱

充实框架

上方包覆燃料球

堆芯燃料球

下方包覆燃料球

入口喷嘴

燃料要素

截面图

图31-2　快堆"文殊"的燃料组件

反应堆中 ^{235}U 的浓度被我们称作浓缩度,而快堆中铀和钚是混在一起的,不能够进行浓缩,我们称之为富集度。

　　快堆的富集度同轻水反应堆的浓缩度相比值非常高,燃料费也高。为了尽快收回昂贵的燃料费,快堆的输出功率密度被设定得很高。因此燃料棒尽可能地细化,以便能够有效冷却。这里一贯称作燃烧棒,然而像快堆那样细的话,很多情况下也称其为燃料要素或者燃料栓。轻水反应堆集合体中的燃料棒呈棋盘格子状排列,快堆结合体中的燃料棒呈钻石跳棋游戏的三角网状排列。轻水反应堆组件中的燃料棒通过支撑格子保持各自的位置。快增殖反应堆的燃料要素比较细,不用支撑格子而是用钢丝垫圈缠绕燃料要素,由此保持要素间的间隙。

同中子反应堆相比,在快堆中所消耗的可裂变核素的生成量比较多,于是容易长期保持临界状态。因此只要包覆管的射线损伤等条件被允许,就可以继续运行,同轻水反应堆等热中子反应堆相比,取出的燃料的燃烧度更高。

快堆的燃料设计基本上同轻水反应堆相似,然而也有原子核反应堆种类不同差异很大的情况。之后在高温气冷反应堆中我们举个这样的例子进行说明。

Q32　快中子增殖堆比轻水堆安全吗?

原子核反应堆最终的设计就是如何设定安全性,所以同轻水反应堆比较安全性是没有意义的。现在不管是什么样的用于发电的原子核反应堆,其设计都要确保安全性能达到轻水反应堆以上。

在安全特性方面,比较轻水反应堆和快堆,在快堆中钠被用作冷却剂,即使采用中间的圆环,同轻水反应堆使用的水相比还是非常危险的。此外钠是不透明的,可能会出现很多操作中的事故,不过不用在轻水反应堆那样的高压下使用,这点上可以说是安全的。

关于冷却,我们刚才讲了马上就会注意到的问题,下面让我们通过与核反应相关内容来看一下。我们可以断定,燃料含有钚,输出功率密度或者燃烧度变高的话是危险的。

不过在快堆中,关于核反应的首要问题是,冷却剂的温度上升、密度下降、出现空隙的话,中子同冷却剂的碰撞比例就会减少,堆芯的平均能量就会变高。

如图29-1所示,中子能量变高的话,η 值就会变大。即中子增殖系数会变大,这是相对于堆芯温度即输出功率的正反馈,这是非常危险的。密度变低或出现空泡的话,中子的泄漏也会增加,中子能量的变化效果在某种程度上被消除了,普通大小的堆芯会出现正反馈。该效果一般用称作冷却剂空泡系数的数值进行评定,设计时尽可能地使这个值为负值,即使不能为负,也要尽可能地使其最小化。通过分析模拟事故,可以确保足够安全。

Q33 核燃料足够吗?

我们在同火力发电的比较时谈到了资源量。借助快增殖反应堆的话题,我们再次说明一下今后核燃料能够使用多久。这里介绍的数值和之前列出的稍微有些不同,这是由计算时期不同、资源量的出处不同造成的,大体上是一致的。

我们说过轻水反应堆中只能利用天然铀的0.7%。不过如果使用快增殖反应堆的话,利用效果能够达到100倍,我们还提到存在钍这样的母体核素。那么这些燃料在地球上存在多少,人类能够利用多久呢？

我们不知道资源储量的数值。价值变高的话，即使开采费用变高，只要划算，勘查就会盛行，储量就会增加。为了让大家知道一个大致的情况，我们将著者本人20年前调查的能量储藏量情况做成图33-1。可以使用年数就是各能量维持所有能量消费（0.32 ZJ/年，之后再详细说明）的年数。为了比较，也列出了化石燃料及核聚变。如图11-2所示，根据燃料的种类，其重量、体积等，燃料一般都有自己所特有的单位。在这里我们使用能量的共同单位焦耳（J）。图形上的横轴刻度表示地球上全部储量，这个数字比较大，所以使用ZJ（10^{21} J）。仅凭这个并不知道燃料对于人类是不是足够。现在人类每年消耗的能量大约为0.32 ZJ，如果用所有这些能量除以这一能量的话，可使用年数如图33-1下面的轴所示。将来能量消耗的值也会发生变化。我

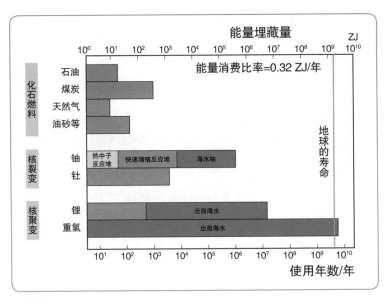

图33-1 能源资源储量（1 ZJ=1×10^{21} J）

们再稍微考虑下这一点。

　　每一个大人大约从食物中获得100 W的能量进行消耗，这是作为生物生存的最小能量，据说美国人维持高水平的生活要达到这一数值的100倍，即平均消耗10 000 W的能量。这里的单位虽然是瓦特，还是表示能量。本书一开始说过了，真正的应该是功率。1 W功率持续1 s的能量就是1 J，所以 1 W=1 J/s，10 000 W 要 持 续 释 放 一 年 的 话，（10^4 W）×（1年）=（10^4 J/s）× 365.25 d × 24（h/d）× 60（min/h）× 60（s/min）=3.16×10^{11} J=316 GJ。GJ读作 Gran Jet，1 GJ=10^9 J。世界将来的人口有很多种说法。将来稳定在一定值的话，假定保持在100亿。虽然有点粗枝大叶，假定这些人口将来都过着和美国人一样的生活，地球整体每年按照这样的比例消耗能 量（316 GJ/人）×（1 0^{10}人）=3.16×10^{21} J=3.16 ZJ。这个值大约是现在能量消耗量的10倍。图33-1是以现在的能量消耗量为基础的可使用年数，意味着将来可能只有10分之1。不过这里仅仅用这一能量作为所有能量需求的供给，实际上我们同时还用很多其他的能量，就算那些能量的使用量比较少，使用年数也会变长。此外资源量很大程度上依赖于价值，具有需求少的时候资源量也少，需求增加的时候资源量也会增加的特征。我想这里所表示的数值并没有对使用年数进行过资源价值评定。图11-2中，用现在的各消费量除以各资源量，可以得出可使用期限，比我们现在的图上表示的要长，之所以不一样是因为原始资源量数据不同。

　　不管怎么说，可以认为方便利用的石油、天然气不久就会枯竭。煤炭还有很多，不过二氧化碳的排放问题确实是个难题。

虽然是20年前的数据,并没有显示诸如最近受到关注的页岩气之类的物质。不过考虑到化石燃料的资源量及排放的二氧化碳气体,并不能将其作为主要能量长期使用。铀的热中子反应堆是指利用轻水反应堆等,而石油或者天然气并不会发生这样的变化。不过使用快增殖反应堆的话能够提高100倍能量,差不多能够使用1万年。作为参考还描绘出了海水中所含有的铀的使用情况,可以使用接近100万年。不过从海水中提取铀非常困难。估算一下如果达到现在铀的价值的数倍,还是有可能提取出来的。铀的价值越高就会觉得越划算。

关于海水中的铀,应该会担心随着时间的流逝,铀的浓度会减少,这样就不划算了。不过铀的浓度差不多处于饱和状态,即使减少了,地面上岩石等也会含有大量的铀,会在雨水中溶解再流回海里恢复饱和值,所以不需要担心。钍的量虽然比铀快堆的量少,不过地球上的存在量比铀多,所以储量可能会变多。

核聚变燃料也列了出来。可以说资源是完全没有问题的。特别是氘,正如我们说过的那样,并不是来自超新星爆发而是来自宇宙大爆炸的核素,不仅在地球上,宇宙中也广泛分布,在遥远的将来,即使人类离开了太阳系,只要拥有这一技术就能够利用这一能量。

Q34 核燃料是如何制造并使用的呢?

在日本运行并用作发电的核反应堆是轻水反应堆,以上已说明过。在轻水反应堆中，是使用浓缩铀的。因此从铀矿山中挖掘出来的铀，不光是需要精制，还必须要浓缩的。关于浓缩，上述已说明过。核反应堆中的燃料组件以及其燃烧的话题也已讲过。我们是逐一分别说明的，但是其实铀从作为燃料被挖掘出来，再到作为废料被处置，其中有一连串的流程，这叫做燃料循环。了解燃料的流程，在理解核动力上很重要，在此我们将会从整体上看燃料循环。

但是这种燃料的流程因核反应堆的种类和运转方法等而异。关于具有代表性的轻水反应堆的2个种类的核燃料循环，如图34-1所示。(a)是现在在日本被考虑作为燃料循环的，(b)是在美国被考虑作为一次性使用方式的燃料循环。不管哪种方式，最初都是一样的，在铀矿山中挖掘出来的铀矿石经过冶炼，成为被称作是"黄色蛋糕（粗精炼矿石）(U_3O_8)"的黄色粉末，再运输到燃料转化厂中。使用的轻水反应堆，必须是浓缩的铀矿石。因此，如上所述，铀必须转换成UF_6，这就是转化。使用转化成UF_6的矿石，采用如上所述的方法来提高^{235}U的浓度到4％左右为止。浓缩后的铀，在轻水反应堆中再次转化为燃料形态的二氧化铀。二氧化铀虽然是粉末，但这是经过压缩且烧结的圆柱形的燃料球。将二氧化铀（燃烧球）塞满于燃料包覆层当中，制作成燃料棒，再将燃料棒集中起来，并组装成上述的燃料组件，以此为堆芯，往核反应堆中添加燃料。此燃料从原料粉末到制作燃料组件，一般都在一个工厂内进行，并称其为成型加工。

到上述为止，(a)和(b)相同，但是从下面开始便有不同之处。由于一次性方式比较简单，所以先从(b)的方式开始说明。

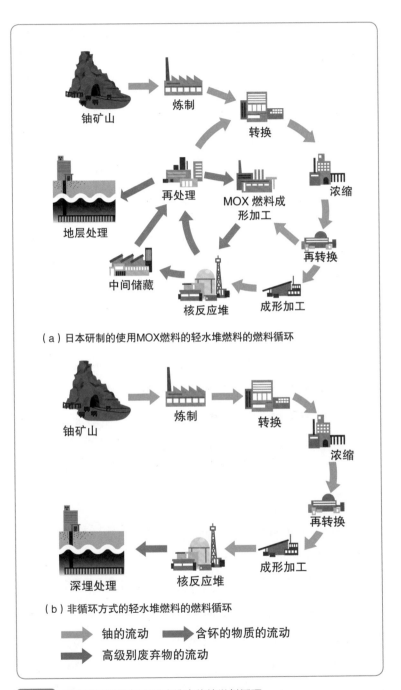

（a）日本研制的使用MOX燃料的轻水堆燃料的燃料循环

（b）非循环方式的轻水堆燃料的燃料循环

图34-1 具有代表性的轻水反应堆中的核燃料循环

在这种方式当中,在核反应堆中燃烧过的燃料,将会原封不动地进行深地质处置。在这种情况下,作为燃料使用的铀或钚等也会被处理掉。特别是钚,不会被作为原子弹的材料,但是会成为令人不放心使用的材料。但是,从轻水反应堆中使用过后的燃料中提取的钚富含使原子弹难以制作的 ^{240}Pu 等成分,所以不能制作高性能的原子弹。钚等的重核素几乎没有从地下埋藏设施中移动过,但是寿命较长的一些可裂变核素容易被地下水溶解,从而往地上渗透,这是否会对附近的居民产生辐射作用,还有必要做仔细的探讨。关于深地质处置,稍后做详细说明。

考虑在日本能用作堆填场的土地并不多,因此有种想法是,只对像(a)这样的高级别的放射性废料做深埋处理,钚有被用作原子弹的危险,或者是能用作燃料的东西就拿来利用,从这种想法上看,钚可以在核反应堆中燃烧,这推进了被称作"钚的热中子反应堆利用"的燃料循环。在这种情况下,在核反应堆中被燃尽的燃料将会被送往核燃料后处理工厂中,但是由于核燃料后处理工厂的建设推迟,最初会因为能力不足而暂时储藏在中间储藏工厂中,等到核燃料后处理工厂建设完毕后,再送往后处理工厂中。这种方法仅用图文进行对比,就能看出其流程的复杂性。这种方法的成本偏高,且存在一定的问题,但是从减少废料以及消灭钚等方面来考虑,这是不得不采用的手段。

把钚用作轻水反应堆的燃料的情况下,流程会变得相当复杂,但是当使用快中子反应堆时,每项技术也会变得非常困难的。但是流程(见图34-2)会变得非常简单。会变得简单的大部分原因是不需要浓缩。浓缩技术是对于铀而言最重要的原子弹制造技术,若不需要浓缩,从这个意义上看,是备受期待的。

如上所述,大家可以理解,如果将铀大体上全部转换为能量,那么从铀矿所需挖掘的铀就会变少,这样环境也会好转。但是再处理等工序会导致核辐射增强,因此必须对此采取充分的对策。

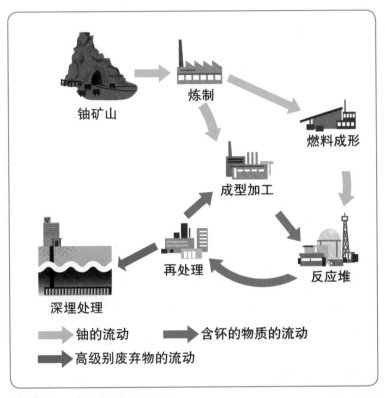

图34-2　快堆的核燃料循环

原子核反应堆的历史是什么样的呢?

从上面的说明中,我们也可以想象到,核反应堆的历史不再是单调的历史。我们在此讲述一下关于核反应堆的历史。

1938年的年末，哈恩，斯特拉斯曼和迈特纳发现了核裂变，这已在前面提及过。到此为止的历史也掀起了波澜，但是从今往后的历史将会变得波澜万丈。核裂变刚一发现，多位科学家就发现了其放射出大量能量及链式反应的可能性。1938年是第二次世界大战爆发的前一年。核裂变潜藏着制造强力的炸弹的可能性。不久后，美利坚合众国便以原子弹制造为目标，开始了曼哈顿计划，世界上最初的核反应堆也应运而生。

制造原子弹的方法有2种。1种是从天然铀中提取出仅0.7%的^{235}U，另一种方法是从天然铀中制做出核反应堆，并将从中产生的^{239}Pu提取出来。

那么，后者所需要的核反应堆是否真的能制做出来呢？为了证实这一点而产生的就是最初的核反应堆。应该证实的是，是否能维持达到临界的核裂变的链式反应。这不需要大功率的输出，只要能够将一定程度数量的中子检验出来，如图20-1所示，就能确认中子通量。为此这个核反应堆几乎没有输出，不需要冷却。现在的核反应堆专家把这样的反应堆叫做临界装置。

图35-1　芝加哥核反应堆临界完成的场景

并且在这个时期,核反应堆并不是叫作现在所使用的"reator"这个名字,而是被称为"pile"。为此芝加哥大学的足球体育场看台下的在赛场做的核反应堆,也被称作芝加哥核反应装置(Pile)(见图35-1)。把"芝加哥核反应装置(Chicago Pile)"的头一个字母提取出来,往往被称作"CP-1"。在这里有"-1"的原因是,后来把CP-1转移到芝加哥郊外的另一个地方重新建造而成,而重新建造的反应堆被称为"CP-2",以此作区分。

芝加哥反应堆的试验领导者是逃亡至美国的费米。使用天然铀制作核反应堆的事,已在前文有所说明,这绝对是一种杀伤力很强的东西。最终完成后的核反应堆(称之为"堆芯"较为恰当),如图35-1所示,并做成了非常大的堆。不得不做成大堆的理由,如图35-2所示,我们来做一下简单的说明。

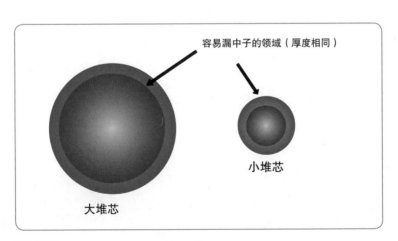

图35-2 堆芯变小时中子的泄漏会增加

堆芯内的中子持续地做链式反应,占据一定体积比例的中子对链式反应做出了贡献。其中接近表层的众多的中子泄漏到堆芯外,使链式反应无法持续下去。泄漏出来的中子的数量,占据了如图蓝色填充区域的体积（从表面到有一定厚度的区域）。蓝色填充区域的体积占据整体体积的比例是：堆芯越小，其占据的比例就越大。即堆芯越小，中子的泄漏越大，达到临界就变得越困难。CP-1达到临界相当困难，因为不能让少量的中子浪费掉，所以不得不让堆芯变得如此之大。由此可看出，聚集到如此之多的纯粹的石墨和铀，是一件多么艰巨的事情。

Q36 CP-1之后，又制做出了什么样的原子核反应堆呢？

CP-1可以说是输出量为零，在这个堆芯中的核反应数量极少，无论怎么等下去，也得不到充足的钚。虽然有提高输出量的必要，但是这需要冷却堆芯。华盛顿州的沙漠地带汉福德区的哥伦比亚河沿岸，建造了许多以生产钚为目的的核反应堆，同时还建造了钚提取工厂。为了了解其规模，如图36-1所示，将汉福德区的地区与东京都23区的地图放在了一起作比较。堆芯在冷却时直接利用河水，河上冒着蒸汽，河水遭到了严重的污染。在第二次世界大战结束前，在新墨西哥州阿拉莫戈多实施的用于原子弹试验的，以及在长崎投下的原子弹（俗称：胖子）制作所需要的钚被生产了出来。二战后，核反应堆的建设不断发展，包括改建，最终建造了9座核反应堆。图36-1从B到N的记号所显示出的就是这些核反应堆，还有几个记号被跳过。现在这些核反应堆已全部停止使用，并做废弃处理，但是环境污染过于严重，现在仍然在做除污作业。

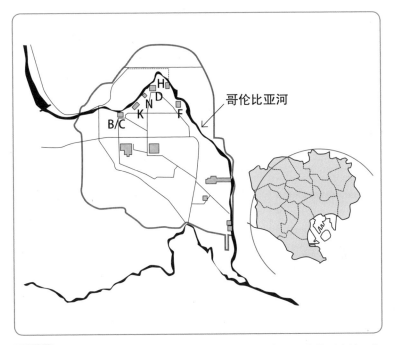

哥伦比亚河

图36-1 汉福德区（从B到N的记号所显示的就是生产钚用的核反应堆，为了了解其分布之广，将东京都23区的地图放在旁边。）

石墨慢化反应堆就是这样最初作为生产反应堆而建设成的，但是当然要考虑到发热的利用，使用了蒸汽涡轮发动机来发电。苏联的核动力开发，与CP-1类似的F-1等，最初像是在模仿美国的做法，但是核电站是苏联先实现的，于1954年发电成功。这座核动力发电站是石墨慢化、轻水冷却的核反应堆，使用了5%~7%的浓缩铀燃料。这座核反应堆是在奥布宁斯克建设而成，后来作为RBMK核电站在切尔诺贝利等地进行了大量的建设并运转。后来CP-1很快就被解体，现在原址被建成抽象的纪念碑，但是F-1在CP-1被解体之后仍被用于实验中，直到现在，只要到库尔恰托夫研究所，就能见到F-1的巨大身姿。

RBMK反应堆的概念图如图36-2所示。在石墨中建造冷却剂通道,在通道中有冷却水流过。途中会沸腾,蒸汽经过分离器分离后,将被送到涡轮发动机中。燃烧棒集中放在组件中之后,再被放入这个冷却通道中,进行冷却。

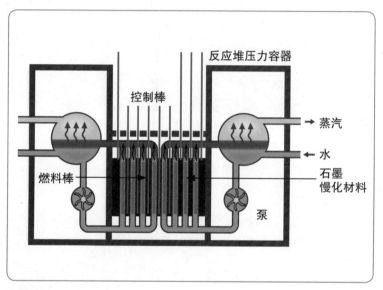

图36-2 RBMK反应堆

奥布宁斯克的反应堆在发电后,把电与外界的电网相连接而进行使用,这一点无可厚非地可以称作是发电反应堆,但是输出功率是5 MV,相当小。在英国,同样是在石墨慢化的核反应堆中,以5 MV的10倍功率的发电反应堆为目标,把金属作为燃料,把二氧化碳作为冷却材料,把镁诺克斯合金作为燃料包层,于是以天然铀作为燃料的核动力发电站的建设运转成功了。这种反应堆被称作镁诺克斯反应堆,其概要如图36-3所示。于1956年8月连上了电力网,10月伊丽莎白女王接通了反应堆的开关,于是正式开始运转。

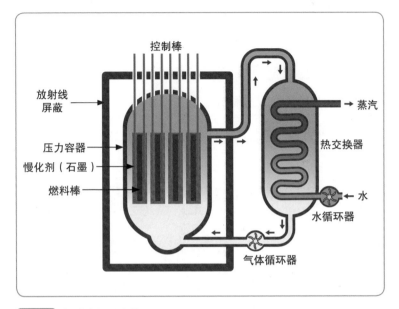

控制棒

放射线
屏蔽

蒸汽

热交换器

压力容器

慢化剂（石墨）

燃料棒

水

水循环器

气体循环器

图36-3　镁诺克斯反应堆

　　这座反应堆被认为是世界上最早的商业用途的核动力发
电站，日本也将此作为第1号核动力发电站引入，日本核动力发
电站（原电）在日本核动力研究所（原研）东海研究所的北面建
设并运转。现在，它已完成了使命，并已做废弃处理中。在日本
镁诺克斯合金反应堆只有这1座，其余的是轻水反应堆。只要
看图26-1就可以明白，与其他核反应堆相比，其输出密度相当
低，而且不得不频繁地换燃料，经济性很差，从全球来看，不久后
就被新型核反应堆所取代。

　　在英国，为了提高美诺克斯合金反应堆的经济性，推进改
良型反应堆AGR的开发，石墨慢化被沿袭，但是燃料改成了使
用浓缩铀。为此反应堆从吸收中子较少的堆型改成了重视健全
性与经济性等的堆型。即金属燃料被换成了二氧化碳燃料，燃
料包壳被换成了不锈钢。由此使得冷却材料出口温度变高，热

功率也得到提高，同时，输出密度也由此提高而大获成功，但是却无法与轻水反应堆相媲美，因此仅用于英国国内。

图26-1显示的是其他石墨慢化反应堆AVR、THTR和HTGR，这些核反应堆被称作高温气冷堆，关于高温气冷堆，将会在Q38重新作说明。

最初，只有石墨慢化的原子核反应堆吗？

继CP-1的话题之后，我们锁定石墨慢化的核反应堆，讲述了初期的核反应堆的历史。但是最初研究的并不只是石墨慢化核反应堆。就像前文所说过的那样，还有重水慢化堆。在德国，这种堆在第二次世界大战中受到了瞩目，并以天然铀燃料重水慢化的核反应堆为目标。重水是在挪威的发电站生产的，但是遭到了盟军的破坏，由于不能得到充足的重水，最终不能在二战结束前完成此核反应堆的建设。

在法国也有同样的核反应堆的开发试验，但是法国当时被德国占领后，许多研究者都逃到了国外。哈尔巴和科瓦尔斯基带着大量的重水逃亡英国，在之前所提及过的卡文迪许实验室中继续进行研究。但是实验室也变得不安全了。因为他们一直与卡文迪许实验室的人的关系比较熟，距加拿大蒙特利尔较近的乔克河实验室与核武器开发有协作关系，他俩便逃亡到那里。可以认为这里便是在加拿大做重水核反应堆的开始。由科瓦尔斯基做指导，重水慢化临界装置ZEEP（zero energy

experimental pile)在二战结束不久就取得了临界的成功,这是
除了美国以外的第一个临界成功的临界装置。

二战结束后,钚的制造计划被终止,仅限于以和平为目
的而开发。由此开发出来的,就是坎杜(Canadian Deuterium
Uranium, CANDU)反应堆。坎杜反应堆的概略如图37-1
所示。即使在冷却剂中也普遍使用重水,而天然铀则以二氧化
铀的形式作为燃料来使用。冷却材料通道的特征是水平插入,
燃料组件被贴得非常短,并排成直线的一列而插入冷却材料通
道当中,运转时能够替换燃料。由于不让冷却剂沸腾,冷却剂从
堆芯出来后,会进入类似于PWR的流程。

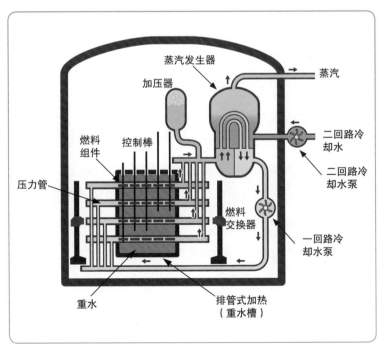

图37-1 坎杜反应堆

坎杜反应堆被运往中国、韩国、印度、巴基斯坦等众多国家，并在那里运行。这种做法的理由是，考虑到坎杜反应堆容易确保燃料并且在能源保护方面也相当出色，同时在能够浓缩铀的国家占少数的情况下运转，但是也有使用此反应堆制造了钚的传言，必须密切注视核扩散。

日本也开发了叫做"步肯"的重水冷却原子核反应堆。在轻水反应堆和产钚快堆实现前，有计划使用该反应堆并投入运转当中，但是后来现实状况跟当初相比变化很大，并且发电成本变高了，随后计划被停止，反应堆也遭到废弃处理。

在卡文迪许研究所，哈尔巴和科瓦尔斯基的研究已接触过关于使用重水以及液体燃料的核反应堆的可能性，这与往后美国的沸水堆（作为研究的反应堆而建设了许多座，日本最初的核反应堆就是以这座反应堆为原型而建成的）以及关于增殖反应堆中所提到过的熔盐反应堆的研究都有关系。

关于快堆的历史，由美国和英国初期的积极开发开始，法国和日本则处于停滞状态，而印度等国家也蠢蠢欲动地想搞开发，由于占用过多篇幅，此处省略。

与二战刚结束时相比，现在核电站被选择性地集中开发，然而真正被研究的核反应堆的数量则在大幅度减少。人们对于现在的核反应堆的现状感到不满，并希望研究出更多种多样的核反应堆，关于此内容将在本书的最后做讲述。

原子核反应堆除了发电之外还有其他作用吗?

核反应堆并不是只用于发电,还用在船舶的动力源上面。潜水艇、航空母舰等军事用途的船舶都在大量使用核反应堆。关于民间传播使用核反应堆的有美国、德国,其次是日本也建造了叫做 "Mutsu" 的核动力货船,在极短时间内运行。虽然现在已不存在这样的计划,但是在俄罗斯,核反应堆被用于破冰船上,并处于活跃状态。

另外,核反应堆当然也能够用做热能。虽然被用于海水淡化工程的纯水制造以及地区性供暖,但是仍不能说是被广泛应用。接下来我们对将来会变得很重要的制氢、制铁、化工厂的高温热利用做一下简单的介绍。

在各产业中所利用的热能的温度条件如图38-1所示。在600~1 000℃左右,可以看出最近受到关注的以水热分解的制氢已经有经常被使用的迹象。但是轻水反应堆的堆出口的冷却剂温度是300~350℃,钚冷却快堆也只有500~550℃,后两者与前者相比温度较低。与此相比,高温气冷堆中,日本核动力开发研究机构使用实验堆达到了950℃的实际成绩,高温热利用有希望得以实现。

高温气冷堆能达到高冷却剂出口温度,是因为采用了包覆型燃料颗粒做燃料,用氦做冷却材料,用石墨做慢化材料。包覆型燃料颗粒如图38-2所示,这显示了直径0.5 mm左右的二氧化铀和碳化铀做的燃烧球周围被包裹了数层的包层。图中显示的是被称作"TRISO燃料"的最具代表性的燃料。直接将燃烧球用多孔碳缓冲介质包裹着，吸收里面发生反应的核裂变产物，并封闭起来，这就是它的作用。其外侧的碳化硅与夹着它的2层热

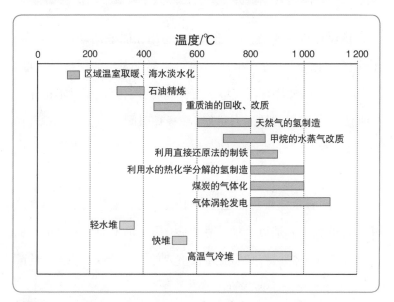

图38-1 各种产业所利用的热源温度和核反应堆冷却剂出口温度

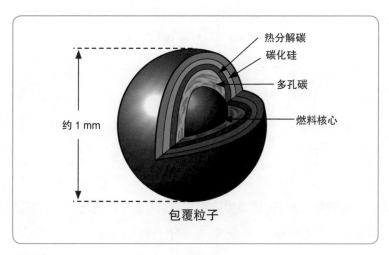

图38-2 高温气冷堆所使用的包覆型燃料颗粒

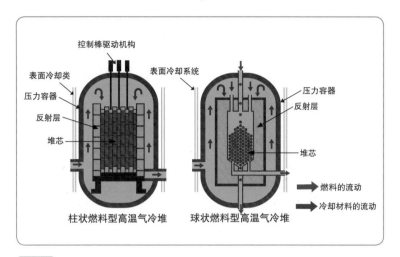

控制棒驱动机构
表面冷却系统
表面冷却类
压力容器
反射层
堆芯
压力容器
反射层
堆芯
柱状燃料型高温气冷堆
球状燃料型高温气冷堆
燃料的流动
冷却材料的流动

图38-3 代表性的两种高温气冷堆

分解碳层,起着不让辐射物质外漏的目的。粒子整体的直径是1 mm左右,已经证实了即使在超过100℃的高温环境中长时间运行,或发生意外时达到1 600℃的高温,TRISO颗粒也具有完整而无损坏的特质。

使用该粒子进行超高温反应堆的组装,如图38-3所示,大致可分为2个种类的核反应堆类型。将大量收集包覆型燃料颗粒的小球放进六棱柱的石墨块里面堆积起来,并把已组装好的堆芯叫做柱状高温气冷堆。此外,球床高温气冷堆把许多包覆型燃料颗粒放在直径都在6 cm左右的石墨球中,然后使石墨球在堆芯中从上往下流动。在柱状高温气冷堆中,控制燃烧的是同之前介绍一样的控制棒,但是由于球床高温气冷堆运行时,燃料从上方开始填装,从下方排出,因此用这一方法装料,无需控制棒就可控制燃烧。图26-1中,AVR和THTR是球床高温气冷堆,HTGR属于柱状高温气冷堆。

虽说堆芯是由燃料和碳化硅与石墨组成,但是石墨的升华温度为3 000℃,非常高,而且硬度较大,可以用在建筑材料上,因此冷却剂出口温度可以达到如此高温的核反应堆也是可行的。

本书只谈到核动力,没有写关于能量以外的利用。但是核反应堆并不是只能用在能源制造装置上。在核反应堆中存在大量的中子,因此能够简单地产生大量的核反应。利用这个,就可以制造出大量的RI(放射性同位素),并应用于医疗、工业、农业和研究当中。钚的生产也可以看成是其中的一种。此外在半导体制造、中子射线医疗等领域也有广泛应用。把想要调查的物质用中子照射,再检测有核反应的物质的放射性射线,从而可以检测出原先在物质中的微量物质。像这样的材料分析叫做中子活化分析,在材料等研究中受到广泛应用。像这样的微量分析不仅仅用在材料研究当中,还被应用到考古学的鉴定以及犯罪搜查当中。也许有人会记得这么一个说法,为了调查拿破仑是否是被毒杀的,把他的事先保存好的毛发在核反应堆用中子照射而进行中子活化分析。另外当使用中子散射时,可以看出照射过的材料的分子结构,特别是氢的位置等,这也同样应用于高分子解析当中。

此外,核反应堆实现后中子的应用有很多,但是在这里只说明一下硼中子捕捉疗法(BNCY疗法)。这种方法利用了硼的热中子吸收截面非常大的特性,有选择地在癌细胞中储存硼化合物。将这一技术投入到患者身上,就会使硼化合物储存在患病部位,使用热中子照射患病部位,硼就会吸收中子,进而裂变成氦和锂,这时会产生大量的能量,从而杀死癌细胞。在这些核反应堆当中,抑制能量输出,增加中子的量是非常重要的,这种形式与发电用途的核反应堆有相当大的区别。

第3章

核能所存在的
问题是什么?

像福岛第一核电站事故一样,核反应堆一旦引起事故就会引起由放射能造成的严重问题。同时也有所谓的核废弃物处理处置和核扩散、核材料劫持的问题。在这章我们揭示出核能存在的问题点以及与人类及组织相关的问题。

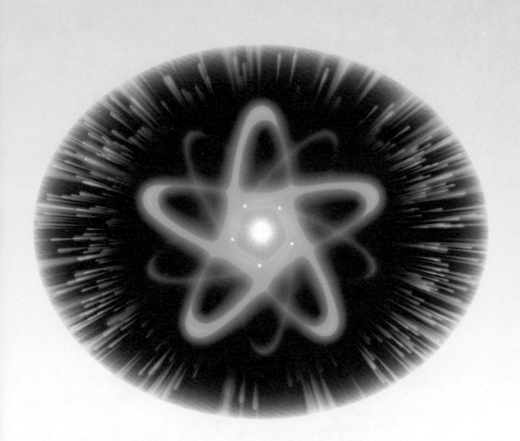

核能的问题点是什么呢？

　　要彻底追究核能的问题，归根结底就是如图39-1所示，使用与原子弹相同的材料和技术以及在核反应堆中产生放射性物质的问题。

　　使用与原子弹相同的材料和技术，就会产生核扩散问题以及核劫持问题。核扩散是指拥有核武器的国家在不断增多，而核劫持是指盗取核武器，也就意味着盗取核原料物质以及核制造技术，两者的含义有所区别。

　　关于核劫持的问题，官方说法往往是核物质防护，在此为了称呼方便而使用了核劫持这个词。在核反应堆运作时会产生放射性射线辐射事故，停止运作后仍然有放射性废弃物的问题发生。这些问题在使用核动力以前是无法考虑到的，因此成为难题。关于这一点，后面将会逐一作详细说明。

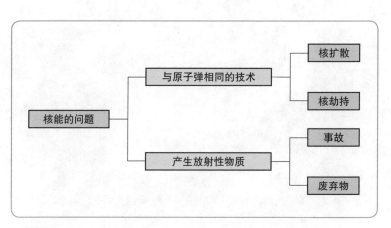

图39-1　核能的问题点

可以将核动力挪用到核武器的使用上吗？

　　现在使用的核动力的和平利用中重要的可裂变物质有 ^{235}U 和 ^{239}Pu，这在前面已作过说明，这些核素也能够制造原子弹。就像前面所说的那样，在第二次世界大战中的原子弹制造计划（曼哈顿计划）中，所有种类的原子弹都制造出来了。使用 ^{235}U 的原子弹是用天然铀浓缩制造而成的。在天然铀当中只含 0.7% 的 ^{235}U，剩下的是铀的同位素 ^{238}U，所以浓缩相当困难。对于使用了 ^{239}Pu 的原子弹，其原料 ^{239}Pu 是在核反应堆中生产出来的。通过 ^{238}U 吸收中子从而产生出 ^{239}Pu。在核武器专用的情况下，制造原子弹所需要的设备关联到许多东西，但是对于和平使用核能方面，浓缩铀、钚这类的核燃料以及浓缩技术与再处理技术成为重要的问题。

　　如果没有高浓度的 ^{235}U 和 ^{239}Pu 这样的少量且能够超临界的物质，就无法制造原子弹。为了制造这些物质，需要大规模的设备，而要得到这些设备是很困难的。虽然在轻水反应堆中使用的燃料是浓缩铀，但是浓度较低，不可能挪用于原子弹。在堆芯中有大量的 ^{238}U，这些物质会吸收中子，从而产生 ^{239}Pu。但是 ^{239}Pu 又吸收中子，从而产生 ^{240}Pu 等高质量的钚。像这样，轻水反应堆等燃料中通常含有许多高质量的钚。高质量的钚会自发裂变成高热的物质，并排出中子。发热高时，可裂变物质和炸药就会溶解，如果造成起爆装置误操作就会非常危险。另外，自发性的中子排出变多时，就会比预期更早地开始链式反应，中子增殖系数达到阈值之前,炸弹就会爆炸,从而达到未临界。像这样,把轻水反应堆的燃尽的燃料直接用于原子弹的材料是很困难的。但是花费各种各样的工夫之后,原子弹或类似原子弹的物质就有可能制造出来。

只要停止核动力的和平使用,核武器的问题就会消失,虽然有很多人是这样想的,但这是错误的。铀或钚即使不用在核动力的和平使用上,也仍然是存在的。倒不如说,铀或钚的价值变低了,从而让人更加容易入手了。以和平为目的的浓缩或再处理将不再进行,但是知识和技术不会消失。如果只是研究的话,就可以很容易隐蔽地进行。另外,作为知识性质的东西,随着时代的进步而变得日益完善,不久将会为更多人所知。我们应当在这个前提下考虑对策。

从历史上看,原子弹在核动力发电站建立以前就已完成。这意味着不管核动力是否用在和平用途上,原子弹都有创造出来的可能性。虽说如此,为了不让原子弹的和平使用演变成原子弹制造,加强管理核电站以及燃料循环的燃料和信息非常重要。在这些事项当中,外部专家的监察是很重要的,国际机构组织IAEA(见图40-1)的监察广为人知。很多情况下,此问题被分为核不扩散与核物质保护这两点来讨论。这里所说的核不扩散是指防止核保有国向现今允许的核保有国以外的国家蔓延;而核物质保护是指防止核物质被盗,取英文的"Physical Protection"的首字母,通常称为PP。此外还把这样的盗窃称为核劫持。严格地说,使用暴力的盗窃称作核劫持,包括称为核物质保护,但是在本书中没有必要做严谨的区别,所以把核物质保护称为核劫持来说明。核保有国在不断增加,核扩散越来越成

图 40-1　IAEA总部（奥地利·维也纳）

为难题。但是自从9·11恐怖袭击事件以来,恐怖分子的核劫持也逐渐成为重要的问题。

可以认为这个问题要完全解决是极其困难的。然而要制造原子弹并非简单之举,个人或少数群体是无法制造的,必须有一定程度的组织。为了不会有这样的组织出现,就必须建造一个健全的社会与和平的世界。

 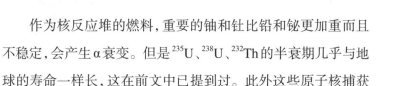

原子核反应堆中,放射性物质是如何产生的?

作为核反应堆的燃料,重要的铀和钍比铅和铋更加重而且不稳定,会产生 α 衰变。但是 ^{235}U、^{238}U、^{232}Th 的半衰期几乎与地球的寿命一样长,这在前文中已提到过。此外这些原子核捕获中子而产生的钚等重原子核也不稳定。这些元素虽然有产生α衰变的，但是也有产生β衰变的。比方说，^{238}U捕获中子而变成^{239}U，但是23分钟的半衰期会产生β衰变而变成^{239}Np，^{239}Np也会在半衰期2.4天发生β衰变而变成^{239}Pu。^{239}Pu会发生α衰变，但是半衰期长达24 000年，对于人类来说是稳定的元素。但是与原来的原子核^{238}U的半衰期4 500 000 000年相比，约为1/200 000，辐射是它的倒数，即200 000倍，其毒性有多恐怖可想而知。这些属于从锕原子核开始的元素被称为锕系元素。

在核裂变中比铅和铋轻的产物，总是会发生β衰变，正如用图10-1说明的那样，刚诞生的核裂变产物的中子过多而不稳定，从而发生β衰变而排出电子，逐渐变成以原子序数为单位累加的原子核。偶尔会排出中子，但这是极少数情况。只产生一次β衰变是不足够的，无数次反复产生β衰变，就会逐渐变成稳定的核种。β衰变的半衰期一般比较短，但是也有较长的情况。代替β衰变而排出中子的情况更稀少，但是对于核反应堆的运作来说是非常重要的，被称为缓发中子。关于缓发中子已在Q21说明过。

从燃料中产生的锕系元素和核裂变产物相比数量极少，在核反应堆内的结构材料和冷却剂等会与中子反应而变成放射性物质，这些都不能置之不顾。必须让核废料处理时不产生问题。

发生意外事故的时候，即使核反应堆停止运作了，也只有核裂变会停止，但是在核反应堆中产生的不稳定的原子核会继续产生衰变，特别是半衰期较短的物质的发热量较大，若不妥善做冷却处理，将酿成重大事故。这样的热量称为衰变热量，关于这一点将在Q49重新作说明。相反,半衰期较长的物质则很难消失,会作为重要的放射性废弃物。关于这一点也将在Q55进行说明。

放射性射线、放射性能量、放射性物质是什么呢?

我们已经用很大篇幅说明过放射性射线和放射性物质,在这里作为讲述安全话题的事先准备,我们在总体上谈谈放射性射线、放射性能量和放射性物质。不稳定的原子核转换成稳定的原子核时会放出放射性射线。这样的放射性射线放出的能量称为放射性能量。而放出放射性射线的物质叫做放射性物质。即放射性物质也可以称为储存了放射性能量的物质。

代表性的放射性射线有α射线、β射线和γ射线。α射线是氦的原子核,由2个质子和2个中子组成。β射线是电子,γ射线是能量很高的电磁波。如图42-1所示,这些放射性射线能够很容易地在电场中分离。此外也存在比如说排出中子的原子核,自动核裂变的原子核等特殊物质,但这些是非常罕见的,在有必要时再对此进行说明。

在γ射线的排出中,原子核的种类是不变的,但是α射线和β射线放出时,原子核的种类如图42-1所示是有变化的。在α射线的情况下,核子有4个飞出去,质量数就会减4。原子序数也会减小2个单位。在β射线的电子飞出去的情况下,质量数不

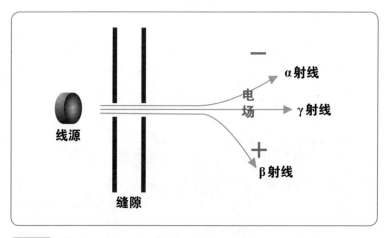

图42-1 α射线、β射线、γ射线在电场作用下的运动变化

变,但是原子序数会变。一般的电子在飞出去时,负电荷会飞出去,所以原子序数会增加1个单位。电子也有带正电荷的时候,这种情况下,原子序数会减少1个单位。α射线和β射线的反应分别叫作α衰变和β衰变。

β衰变的发生与质量数无关,衰变前后的质量数不变。α衰变的质量数在不断减少,但是除去极少数的例子,只会在重原子核中发生。因此如图4-2所示,比铅和铋的质量数少的原子核非常稳定地存在着。衰变的结果是,把多余能量夺走的原子核放出γ射线,即使最终会发生衰变,γ射线也会同时放出。衰变越容易发生,反应期就越短,一般来说,按照α射线、β射线、γ射线的顺序逐渐变短。

不管是α射线还是β射线和γ射线,都会从不稳定的原子核中飞出去,因此能量很高。在α射线中有着与5 MeV相当的能量,而β射线和γ射线各自的偏差值很大,从零到无限延伸,但是会消耗数MeV左右的能量。

放射性射线的影响是什么样的呢?

放射性射线的能量一般用MeV为单位计算,与此相比,分子的结合能量一般用它的100万分之一的eV为单位计算。由此可见,当放射性射线遇到分子时,分子就很容易遭到破坏。如果以人类来打比方,那就是DNA受到重大的损伤。DNA起到了构成人类的蛋白质、细胞、内脏等的设计图的功效,只在发生重大损伤时会起到修复作用,但是若在修复期间发生错误,就会引发癌症或畸形。

被放射性射线(放射线)照射称为被曝,但是经常有把"被曝"误写成"被爆"的情况。请注意,"被爆"是指受到轰炸,但是经常与原子弹的"被爆"混淆,或误以为是医疗等的放射性"被曝",以为遭受了莫大的伤害,这是相当大的误会。

进入人体内的放射性物质产生的放射线"被曝"被称为内部"被曝"(或体内"被曝"),人体外的放射线"被曝"被称为外部"被曝"(或体外"被曝")。内部"被曝"重要还是外部"被曝"重要取决于放射线的物质穿透力。

放射性射线的物质穿透力如图43-1所示,会因放射性的种类不同而有很大差异。α射线与其他放射性射线相比比较重,且有电荷,所以很快就会停留在物质当中,用一张薄纸也会阻止穿透。与此相比,β射线可在长距离中行进,铝等金属板或塑料板就可轻易阻止穿透。伽马射线是电磁波,穿透力很高,要阻止其穿透,需要采用有重质量数的物质且优良的、厚的混凝土板或铅板。阻止

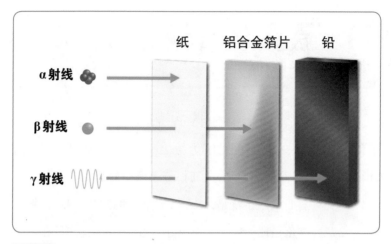

纸　　　　铝合金箔片　　　铅

α射线

β射线

γ射线

图 43-1 各种放射性射线的物质透过力

放射性射线,将其影响控制在内部的行为叫做隐蔽行为。但是α射线的隐蔽非常简单,伽马射线就比较困难了。

实际上,α射线从体外照射到人体时,由于人类皮肤的遮挡,不会对内脏产生影响。但是如果进入体内,摄入的放射性物质会把α射线周围的许多分子破坏掉,对DNA产生很大的损伤。由此说来,要当心α射线照射到人体内部,还要当心伽马射线照射到人体外部,这很重要。

排出中子的物质是极其有限的,我们首先对α射线,β射线,γ射线进行了说明,而在核反应堆的屏蔽中,中子是非常重要的,在临界事故中,中子是其中的问题所在,因此我们将会对中子进行说明。

中子与γ射线相同,都不带电荷,因此会有高穿透性,所以外部被(放射线)照射是个问题,必须认真进行屏蔽。中子是从核裂变等核反应中产生的,产生时的能量非常高,特别是穿透力很高。为此,在使用核反应堆或加速器的设施当中,在有必要屏蔽中子的情况下，用水或石蜡使中子慢化，慢化后的中子会被硼等吸收，或者使用厚混凝土的建筑材料这样的方法来屏蔽。有时如果中子的能量很高，或者有大量中子产生时，混凝土的厚度要增加到数米才能遮蔽。

关于外部被曝讲的都是屏蔽的话题，但是为了减低外部被曝，除了屏蔽以外，减短被曝时间或把放射性射线射出到物质的距离延长是非常重要的方法，这3种方法被称为减低被曝的3原则。

刚才我们考虑了从体外接受放射性射线的照射的情况。但是如果放射性物质进入了人体内时会怎么样呢？ α射线会在极其狭窄的区域内放出能量，γ射线会稀释在广泛的区域内放出。在极其狭窄的区域内放出能量，这意味着对DNA等局部位置的多个区域带来损伤，修复非常困难。也就是说，放射性物质进入体内时，与刚才讲的体外被放射线照射相反，α射线就成了最危险的物质。

在放射性射线下被（放射线）照射到什么程度会生病或者死亡呢？

被曝的程度可以用被曝的放射性射线的量来测定。虽说如此，放射性射线的量并不是这么简单地下定义的。在物理上，简单的量称为吸收线量，这是以放射性射线为对象的能量的量，1 J的放射性能量被1 kg的物质吸收时，吸收线量定义为1 Gy。当人体全身被4 Gy的γ射线（放射线）照射1次，有一半人会在

60天内死亡。4 Gy相当于1 cal/kg的热量,这是无法感知热度的能量,但是放射性射线,虽然能量不大,但对人体的影响却很大。放射性射线对人体的影响,并非只根据被吸收的能量的大小就可以作评价的。生命活动是复杂的,因为要考虑到各种各样的因素。作为对人体的影响程度的量,通常使用被称为剂量当量的量来计算。这是用希沃特(简称为"希",Sv)为单位进行测量的。从Gy到Sv的变换如下所示:

$$（用 Sv 测量的数值）=（修正指数）×（用 Gy 测量的数值）$$

这里的修正指数,一般情况下是使用放射性射线品质因子(表44-1)的数值。可看出重的带电粒子或中子的品质因子有很大的数值。关于人体的哪个部分被(放射线)照射,这里我们也给出了定义并罗列了详细的修正因子。由于修正指数也只能给出粗略值或范围,因此放射性射线对人体的影响无法给出确定值,只能给出一个粗略的数值。

表44-1 各种射线的放射性射线负荷指数

放射性射线种类	能量范围	放射性射线负荷指数
光子	全能量范围	1
β 射线、μ 介子	全能量范围	1
中子	< 10 keV	5
	10~100 keV	10
	100 keV~2 MeV	20
	2~20 MeV	10
	> 20 MeV	5
质子	> 2 MeV	5
α 射线、核裂变产物、重原子核		20

※ 出处:国际放射线防护委员会编ICRP Pub.60、日本同位素协会 P.7 表1(1991)。

那么剂量当量要达到什么程度,会出现相应程度的影响呢?表44-2显示了放射性射线对人体的影响。请注意,有效剂量的单位不是希(Sv),而是使用其千分之一的毫希(mSv)。放射性射线大致的影响因被(放射线)照射部位而异。这个表除了X光相片和X光电脑断层扫描(X光CT)以外,全身整体都成为被曝的对象。此外,在多长时间内被曝也是非常重要的。如果急剧地进行被曝,会比逐渐进行被曝所受到的影响强烈。从自然中接受的放射性射线的线量因在地球上所处位置不同接受的放射性射线的线量也大不相同。在这个表中显示的是2.4毫希(mSv),这是全世界的平均值,日本的数值则比这个平均值要低。另外,被自然放射性射线照射的约一半是由于吸收铀或钍

表44-2　放射性射线对人体的影响

有效辐射剂量/mSv	细　　目
0.05	在核电站事务所工作1年的辐射剂量
0.1~0.3	胸部一次X射线拍片的辐射剂量
1	普通人一年内可接受的人工射线的限度(ICRP建议)
2.4	世界上人均受到自然放射源的辐射剂量
4	一次胃部X射线拍片的辐射剂量
7~20	一次X射线CT拍片的辐射剂量
50	男性放射性相关从业人员一年的辐射限值
100	证明对人健康产生影响的辐射剂量的最低值
250	白血球减少(一次性接受辐射,以下同)
500	淋巴球的减少
1 000	急性射线障碍;发冷(恶心),呕吐等;晶状体混浊
2 000	出血、脱毛等;5%的人死亡
3 000~5 000	50%的人死亡
7 000~10 000	99%的人死亡

的衰变产物——氡（稀有气体）产生的。据说在混凝土等密闭的房间内氡的浓度很高，在100毫希（mSv）以下就会对人体有放射性射线的影响，这种说法在一部分人中是有争议的，但是没有确切的数据。

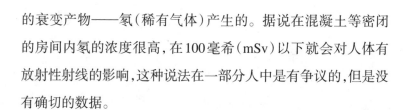

迄今为止的事故中，被辐射到什么程度呢？

在日本，作为大量被曝事故的东海村JCO临界事故（以下称JCO事故）已广为人知。该事故中分别受到16~20希和6~10希照射的两名作业人员在接受了最新的医疗技术后仍不幸身亡。被曝1~4.5希的作业员的白血球数一时变成了零，但是通过骨髓移植而得到了康复，并成功出院。受辐射量对应的情况与表44-2几乎一致。

JCO事故是由于铀溶液被放进容器，达到临界以上而引发的临界事故。在临界事故中发生中子照射是个问题，一般情况下，由于产生的核裂变产物而发生的受害情况是几乎不存在的。中子的发生是在局部，几乎没有普通居民受害。但在JCO事故中，由于作业场在街道里面，据说有少数普通居民遭到（放射线）辐射，但幸运的是，没有达到出现病症的辐射水平。与此相比，在核反应堆事故等爆炸当中，放射性物质向环境散播的情况下，被曝会波及普通居民。

东京电力的福岛第一核电站爆炸事故与切尔诺贝利核事故就是其中的例子。在这种情况下，被曝的影响一般以集体剂量来评价。集体剂量是把集团的个人辐射剂量相加得出的。在切尔诺贝利核事故当中,周边以及欧洲诸国的居民的辐射剂量达到了32万人·希,全球的辐射剂量达到了602万人·希。波及全球的情况下,其人数自然是庞大的,即使个人的辐射剂量很小,其集体剂量也是巨大的。修复作业者与普通人相比,所受到的剂量相当高,波及了53万修复作业人员。以同样的方法计算这些人的累计辐射剂量,就是6.12万人·希。

顺带一提,在JCO事故当中,辐射是局部化的,集体剂量评价为0.6人·希。此外,过去曾频繁地进行大气圈核试验,放射性物质覆盖了整个地球,虽说其散布的辐射剂量非常少,但是大多数人都受到了辐射,由此而产生的集体剂量达到了2 230万人·希,达到了比切尔诺贝利核事故还高的数值。

只看表44-2是不能够明白的,但是能看出剂量与癌症、白血病等的发生概率成正比。表44-2仅是个假设,只是为了说明集体剂量。在假设"剂量与癌症和白血病的发生概率成正比"的前提下,当假设为10希时会使100%的人死亡(虽然这是根据表44-2中数据而作的假设,但是在本书中为了简化也作了如此假设),10人·希当中的死亡人数是1。

按照刚才列举的例子来说,在JCO事故中有0.06人、在切尔诺贝利核爆事故中全球有60万人死亡,在大气圈核试验中有223万人死亡。关于福岛第一核电站爆炸事故,根据最新发表的论文(J.E.T. Hoeve & M.Z. Jacobson, Energy EnvironSci, 2012, Advance Article, RSC Publshing)使用同样的比例关系,得出在全球发生的癌症患者人数是180人(按不准确估计,为24~1 800人),由此可推算出死亡人数是130人(按不准确估计,为15~110

人）。但是在这些评价当中,被辐射非常低的剂量的人占了大多数。然而这些低剂量地方的癌症和白血病等发生概率与剂量是否成正比是不明显的,从而不断使争论扩大。关于这一点稍微作一下说明。

放射性射线对于人体的影响,如图45-1所示,因所受的放射性射线的辐射量而异。在放射性射线辐射量有意义的重要区域中,辐射量与对健康的影响度是成正比的,但是在小区域中是不明显的。药也是一样,如果大量服药就会变成毒药。反过来讲,即使是有毒性,但是量少就会成为药。当被大量照射放射性射线就会变成毒,并不是说因为量少而毒性比例较少,而是说在一定量以下的情况是可以考虑为药用。人类从遥远的过去就从低放射性射线的水平中进化而来,即使获得这样的能力也不奇怪。这样的效应叫做"毒物兴奋效应",为众多的研究者所研究。

尽管如此,对于个人来说,像这样的低剂量而引起的死亡,

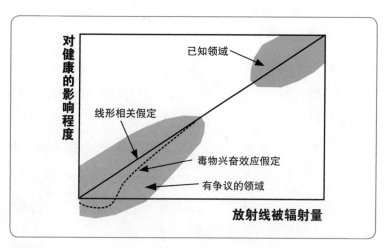

图45-1 被射线照射剂量和对健康的影响度的相关假定

要作为死亡原因来考虑，因为都在误差值之内，也说不出与死亡有多大相关度，如何看待此问题则要依据人类的价值观或其时代的社会形态等而定，我想今后也将会作为一个论题而持续下去吧。

我想低水平的放射性射线对人体的影响，将会是今后应该进一步进行调查的研究课题。与此相关联的生物与非生物之间的关系与过去相比逐渐明朗起来，恕我再稍微讲解一下。

不管是什么物体，有秩序的物体都会随着时间的推移而逐渐损坏，对于现代生物的理解，DNA和蛋白质等也是经常损坏的，而生物本身会对其进行修复，倒不如可以看作是在积极地进行新陈代谢的过程。像这样的修复组织，损伤的程度越小，越容易修复。如果说放射性射线辐射量较小就等于损伤程度也较小的话，那么线性相关假设对辐射量较小的地方有着过高的评价。这些理论不得不从实验（动物实验等）和调查中得到确认。不管怎么说，由放射性射线辐射引起的癌症的人数，与即使不被辐射也会得癌症患者的人数相比，目前还是在误差范围内，实际情况是实验和调查未获得能够足以令人信任的结果。

Q46 发生事故后怎么办呢？

当运行中发生事故时，必须准确地进行以下3个步骤：

（1）停止核反应堆；

（2）冷却核反应堆；

（3）把放射性物质封闭起来。

以上3步要分别用不同的原理和方法进行，需要注意的地方很多，以下将分别进行详细说明。

在这里提及的3个步骤是对于事故的对策，在确保安全上来说则属于最后的步骤。在确保安全之后，防止异常情况的发生，即使有异常情况发生，也要在早期发现并尽早修复，防止异常情况扩大是非常重要的。这些对策是针对安全而言的措施，与安全理论有关。在本书中并不作深入分析，我想对此有兴趣的各位，还会看到各种各样的参考书籍，可以尽量多读一读。我在此面向一般读者推荐佐藤一男著的《核安全理论》。

 停止原子核反应堆是怎么回事呢？

在核动力发电所里有许多与发电相关联的机器在工作。当核反应堆停止运行时，这就意味着停止所有相关的机器设备的运行。这里是指将核反应堆在尚未达到临界状态下停止核裂变链式反应。停止一般是由插入控制棒来完成的。链式反应持续进行所需的一部分中子被控制棒所吸收，中子的增殖系数达到1以下，从而变成未临界。在冷却剂能运作的情况下，只插入控制棒，输出功率就会降低，从而温度也降低。在前面说明过的负反馈作用下重新回复到临界，输出功率减少。但是这样做核反应堆不会停止的情况是存在的。关于此机制请参考Q21。

停止分为高温停止和冷温停止。在运转温度下停止,只稍微插入控制棒就做得到。只要温度不变,稍微插入控制棒就可达到未临界,我想大家会通过目前的说明理解这一点。但是在停止以后,要冷却堆芯,使其回复常温的话,由于负反馈而使中子增殖系数大幅度增加,必须大量插入控制棒。

也有按照运转程序自动停止核反应堆的情况。在发生某一规定震度以上的地震时,还有发生意外事故或出现故障时,核反应堆会立即自动停止。

因地震、意外事故、出现故障等而不得不确保停止核反应堆时,是否能确保将其停止则是一个重要的问题。控制棒一般是在燃料组件之间运行的,但是不能有在中途卡住的情况出现。设计时就设成不会中途卡住的式样。但是总体设计上还是考虑到有万一的情况下,能够有足够时间将控制棒插入堆芯,或者使球状的中子吸收体落下至堆芯中,或者把含有中子吸收材料的液体注入堆芯中这样的装置。到时候要使用哪一种方法则因核反应堆而异。

原子核反应堆有没有可能像原子弹那样爆炸呢?

原子弹开始链式反应的时候,中子增殖系数的值比1要大得多,仅仅通过迅发中子就足够达到超临界状态。而且中子链式反应开始之后燃料会暂时保持其形状,中子增殖系数开始正反馈,链式反应得以长时间维持,相当大一部分的燃料会在一瞬

间发生核裂变。所以会产生巨大的能量。与此相对，正如我们已经说明过的一样，原子核反应堆的设计是在输出功率变高的时候启动负反馈，抑制力开始发生作用。即便发生误拔控制棒中子增殖系数达到1以上的事故，在该机制的作用下，原子核反应堆也不会像原子弹一样发生爆炸。

我们所说的原子核反应堆爆炸，有很多是在某种原因下所堆积起来的氢发生的爆炸。如果原子核反应堆输出功率的中子增殖系数的反馈是正反馈的话，就会放出相当于非常大的事故所产生的能量。这些性质根据原子核反应堆的种类不同有很大的区别。不过现在的原子核反应堆设计，绝对不会放入正反馈（据说切尔诺贝利核电站事故就是放入了正反馈设置）。即使放入正反馈设置，其设计也会尽可能地从整体上将中子增殖系数维持在1以下。

不过，即使爆炸的规模很小，只要其威力能够破坏原子核反应堆，密闭在原子核反应堆中的大量放射性物质就会散布到环境中，请务必注意。

停止原子核反应堆为什么还需要冷却呢？

运转原子核反应堆所产生的能量中，大约9成都是核裂变的时候产生的能量。除此以外是由核裂变产物或者锕类元素、甚至是结构材料、冷却剂中形成的放射性物质在衰变的时候所产生的能量，被称为衰变热。如果原子核反应堆停止的话，核裂变的链式反应也会停止,核裂变的生热作用也会消失,不过图49-1所示的衰变热会继续产生。在生热作用停止之后,原子核反应堆中的热量马上就会降低到运转中所产生的热量的1成左右,之后伴随着各放射性物质的半衰期慢慢衰减。可能会觉得是很低的值。由于之前的能量非常大,如果不对其进行冷却的话,在一般的动力反应堆中,堆芯就会融化。所以,即便停止原子核反应堆,在这些放射性物质完全衰变、衰变热非常小之前,都必须转动水泵继续冷却。

　　日常运转中,衰变热的冷却是非常容易的,不过在发生事故时就会成为难题。事故中会发生泵停止的情况,在这种情况下,备用泵就会启动进行冷却。在福岛第一核电站事故中,备用泵没有启动,事情变得非常糟糕。也有一些提案是关于不需要任何冷却泵的原子核反应堆的,关于这一点,在Q58进行说明。

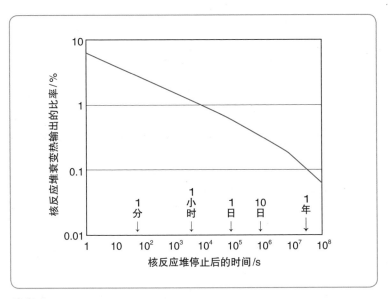

图49-1　核反应堆停止后的衰变热

如何封闭放射性物质呢?

原子核反应堆中会出现问题的放射性物质,就是核裂变产物和锕类元素。这些物质产生于燃料。在这里我们说明一下,如何在原子核反应堆运转或者发生事故的时候,封闭这些放射性物质。

使用什么样的物质都很难将其完全封闭。为了封闭原子核反应堆中的放射性物质,采用多重屏障。用多重屏障封闭,即使一个破了,其他的屏障依然可以封闭,这是一种比较安全的想法。多重屏障最重要的是,不管什么时候所有的屏障都要处于运转状态,即使其中1个出现故障,其他的屏障依然正常运转。所以,需要经常确认各个屏障,看其是否正常运转。同时还需要确保在发生故障时这些屏障不会同时失去作用。

我们具体说明一下,轻水反应堆、钠冷却快增殖反应堆等具有代表性的原子核反应堆的多层屏障究竟是什么状态。由于燃料会转化为毒性较强的放射性物质,所以需要将燃料的生成物封闭起来,首先封闭在燃料球芯块内。不过随着燃烧,放射性物质会扩散到球芯块内,球芯块会开裂或者出现缺陷,放射性物质会通过这些地方泄漏出去。为此,球芯块要用覆层覆盖。只要原子核反应堆正常运转,就要保证覆层的完好无损。不过我们也必须考虑在事故中会发生覆层损伤的情况。即使发生这种情况,原子核反应堆(压力)容器也会将其封闭起来,哪怕从原子核反应堆容器中泄漏出来,安全壳甚至是原子核反应堆建筑物也会将其封闭起来。

我们以PWR为例将这些关系用图50-1表示出来。BWR或者快增殖反应堆等也与此相似。在这些屏障当中,有些是不可缺少的,有些没有这么重要。在图中,我们描绘了很漂亮的原子核反应堆建筑物,不过这抵抗不了爆炸。如果看一下切尔诺贝利核电站事故和福岛第一核电站事故的凄惨的样子,就会在大家的记忆中留下深刻的印象。

多层屏障的方法不仅用于原子核反应堆的放射性物质的封闭上,在很多要求严格封闭的情况下都会使用。在核能地质处置的放射性废弃物的封闭、针对核劫持的核武器、核物质、制造技术等的封闭方面都会使用。而且不仅仅是封闭,在我们前面说过的停止或者冷却等功能方面,为了确保安全也使用多重

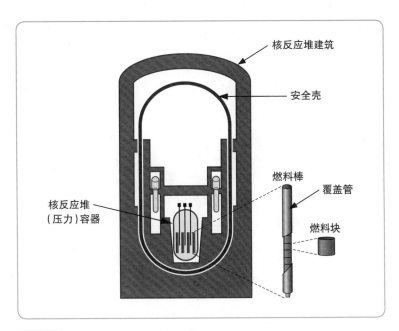

图50-1 封闭放射性物质的多重屏障

安全功能。比如，设置几个不同种类的停止机械或者冷却泵。还有启动这些功能时需要用电，平时使用的外部电源如果不能使用的话，就要启动内燃机发电，如果这也不行的话就使用电池，这一方法被称为多重防御。这些电源的多重性并不单单指多台电源，而且要求具有独立性，确保方法不同的、多样性的、多个机器不能够同时出现故障。

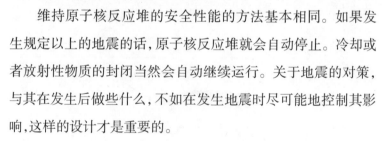

发生地震时，安全对策是什么样的呢？

维持原子核反应堆的安全性能的方法基本相同。如果发生规定以上的地震的话，原子核反应堆就会自动停止。冷却或者放射性物质的封闭当然会自动继续运行。关于地震的对策，与其在发生后做些什么，不如在发生地震时尽可能地控制其影响，这样的设计才是重要的。

为此，核电站要在进行地质调查之后，建立在稳固的岩盘之上，其耐震能力要在普通建筑物的数倍以上，配管机器或者其支持方式要设定详细的基准。还有不应该只是制造坚固的东西，原子核反应堆建筑物等对象结构物的基础、本体之间要安装避震装置，地震时避免结构物同基础一起动摇，提高结构物本体的耐震安全性。要进行详细的分析计算，通过振动台地震模拟实验来确认发生较大地震时能否维持原子核反应堆的完整性。这些计算或者实验中会伴随着误差，设定的地震的大小也带有不准确性。所以，在应对地震的设计中，要留出非常大的富裕空间。柏崎刈羽核电站的原子核反应堆在中越冲地震中没有造成灾难,就表明了其在设计时考虑了相当充足的富裕空间。

我们还要考虑,因输电网故障而无法使用外部电源的情况以及发生海啸等自然灾害导致各类安全装置都无法启动的情况等。我们要好好地调查、预测可能出现的情况,并制定完善的对策,这是非常重要的。我们接下来就要说的风险分析就非常有用。不过在福岛第一核电站事故中,事情并不是这样。在海啸的假定方面过于疏忽。不管会发生什么样的自然灾害,哪怕是频度非常低,只要有可能发生,我们都必须好好应对。不管拥有多么优秀的设计方法或者风险分析方法,如果人类不能够熟练运用的话都没有用。为了能够熟练运用这些方法,需要不折不扣地进行练习。

如果人类一定会犯错的话,那么也许原子核反应堆的设计就需要结合这一高难度使其达到更加安全的性能。关于这一点,我们在Q58的固有安全反应堆中进行介绍。

此外,在离开核能基地的地方,要预先准备好移动式电源和供水装置等,还要考虑成立能够随时将其搬运到现场的紧急中心。不过关于这一点我们不作详细说明。

Q 52 放射性物质或者放射性射线在事故中泄漏的情况下,怎么办呢?

我们之前说过的停止、冷却、封闭如果能够很好地进行的话,就不会释放出放射性物质或者放射性射线,不过实际上已经释放了。JCO事故中释放出了中子，切尔诺贝利核电站事故和福岛第一核电站事故放出了大量的放射性物质。在核能设施中，发生放射性物质或者放射性射线异常释放时，应该采取紧急措施，这些紧急措施是为了降低周边居民所受到的辐射而采取的防护措施。不过事故千差万别，到底采取什么样的防护措施呢？在事发之际分秒必争的情况下很难做出判断。利用有限的时间，在短时间内有效启动防护措施降低周边居民所遭受的辐射，需要提前假定异常事态的发生、熟练掌握设施特性，从技术角度充分把握其影响可能波及的范围，并提前制定"应急计划区"（以下称作"EPZ: emergency planning zone"），以此为重点采取核能防灾专门对策。举一些EPZ所应实施的具体对策，比如迅速向周围居民进行信息联络、告知屋内躲避、避难等方法、明示避难堆径以及场所等。

EPZ一般是指在最大事故中预计被辐射上限值有可能会达到某个数值以上的区域。不过，事故发生设施的哪个方位会成为特别高的污染区域，这同实际发生事故时的气象有很大的关系，难以进行判断。因此，将其定义为以假定发生事故的设施为中心的圆的内部。

在日本，核电站的EPZ圆半径是10 km，核燃料再处理设施的话是5 km。福岛第一核电站事故中，紧急避难准备区域比EPZ大得多，而且同环境放射性物质的信息预测系统（SPEEDI）所表示的高浓度放射性能量污染区域也有区别，一开始就发现很大的问题。紧急时避难准备区域也同EPZ一样指定圆形区域。不过放射性能量污染区域受气候的影响很大，所以很显然会同圆形背离很多，所以避难或者去除污染应该以实际的污染

地图为基础来开展。

我想,在吸取福岛第一核电站事故教训的基础上,以EPZ为首的紧急避难相关规则会进行很大程度的修改,同时相关组织也会进行大幅的调整。

在我们后面要说到的固有安全反应堆中,其设计尝试将EPZ放入原子核反应堆的用地之内,这样的话紧急避难应该就不需要了。

安全上相对有风险这句说法,是怎么回事呢?

事故规模小的话不久就不会称其为事故了。规模比较小的事故或者类似事故的事故,所有这些统称为现象。这些现象的发生频度和灾害规模都具有一定的特征。原子核反应堆中发生的事故,灾害规模非常大的话就成为问题,很多是通过死者的数量等进行判定的。

在经济学等很多领域都使用风险这一词语。不过其意思和使用方法稍微有些不同。在工程学上,所谓风险就是"某现象发生的可能性以及由此产生的负面结果的组合"。

在核能开发初期,其风险就是一个问题。特别是通过多重防护等确保安全的原子核反应堆,使用定量分析对其说明变得非常重要。不过为了计算风险,要考虑所有的事故以及与此相类似的现象,并调查其发生的所有的可能性。核电站是非常复杂的系统,计算其风险需要惊人的劳力和时间。不过这一系统是由有限的要素构成的，其组合、应该考虑的现象的数量也是有限的，需要分析的作业量即使非常庞大也是有限的，所以，20世纪70年代前半段，拉斯姆森团队获得政府高额资金的支持计划计算这一风险。

结果如图53-1所示。横轴是事故导致的受害大小（用死亡人数表示），竖轴表示1年中超出该死亡人数的事故发生概率。这

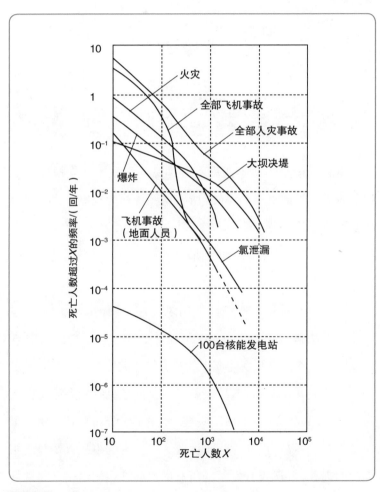

图53-1　人祸事故的风险比较（1974年拉氏姆逊的WASH-1400报告）

些曲线同我们经常看到的概率分布中的曲线稍微有些差别，为了更好地理解这些差别，我们举一个极其简单的例子来思考一下。

假设有某一特殊的100座的核能设备，设备发生的事故最多只能导致1 000人死亡，原理上来说，不会发生之外的事故。而且其概率为每1座100万年1次。100座的核能设备，发生的频度就是1万年1回，即10^{-4}次/年。在这个图表上，如何表示该设备的风险呢？横轴的死亡人数1 000人的地方的值是10^{-4}次/年。死者人数低于1 000人的地方，横轴的死者人数比1 000人要少，所以这个事故就被计算在内了。不过发生频度不变，因此还是10^{-4}次/年。如果死者人数超过1 000人的话，这样的事故不会发生（为0）。即这样的设备的风险为，至横轴1 000人为止都是10^{-4}次/年的固定数值，横轴1 000人以上都用0的双划线表示。

从拉斯姆森的分析结果图53-1我们可以看到，原子核反应堆事故的风险同其他的人祸事故相比非常小。这一结果发表后不久就发生了三哩岛核泄漏事故（以下称为TMI核泄漏事故）。平均被辐射量非常低，当然不应该有死亡人数。不过我们使用在Q45说过的放射性射线影响的线性相关假定，得出集体被辐射总量，就会出现死亡人数。另一方面，通过在那之前一直运转的PWR的运转实绩来得出其频度，就会看到这个点位于图53-1的风险曲线的危险一侧。当时的科学家对这个结果进行了很多讨论，并指出了很多问题。在这些讨论中，人们发现这个方法在发现原子核反应堆的问题点、改良原子核反应堆的安全性能方面是非常有用的。TMI核泄漏事故死亡人数太小，稍微有点模棱两可。不过用切尔诺贝利核电站事故来看，就会明显超出曲线很多。这时的原子核反应堆的种类是不同的，所以这一曲线

不能够直接使用。切尔诺贝利核电站事故的反应堆是RBMK反应堆，接受了很多改善提案。在那之后俄罗斯的核电站也不再建造RBMK反应堆，而是建造俄式PWR的VVER反应堆。

根据我们在Q45介绍的Hoeve和Jacobson的分析结果来看，福岛第一核电站事故的死亡人数预测为130人，我们会看到风险曲线有所显示。在最初进行这样的风险评估时，受到了诸多指责，比如相同模式现象采取的方法不充分啦、人为干预不够正确啦等。我想这些指责在经过讨论、分析之后是可以采纳的。虽然有很多困难问题，不过理论本身应该是正确的。我想福岛第一核电站事故如果也进行这样的分析，人们就会关注海啸的大小，就容易找到对策，可以防患重大灾害于未然。

我们需要铭记不好的事情一定会发生这一墨菲法则，即使积累了很多经验，不断地进行改善，依然有可能发生大的事故。即使墨菲法则成立，仍然还有一个难题，就是坚固的原子核反应堆中，是否有更加经济适用的原子核反应堆呢？关于这一点我们再次进行说明。

比起安全的烦琐的叮嘱，有没有让人安心的说法呢？

一提起安全，很多人就会把它和放心一起考虑，站在推进核能发展的立场上人们也经常说这么一句话，"对于一般人来说即使被告知是安全的，但他们也不了解。希望大家能够放心。"为了说安全,就必须说明假定系统相关的所有可能发生的事故、灾害、失败发生了也不会产生很大的伤害。需要考虑的假定的数量非常庞大,发生之后的现象进展非常复杂,需要专业的知识,使用正面说服的方法说明安全非常困难。对于一般人来说这是不现实的。实际情况是,专家来对此进行判断的,仅仅告诉人们结果。

因此就出现了这样的说法"对于一般人来说即使被告知是安全的,但他们也不了解。希望大家能够放心。"不过"放心"这个词比较模棱两可,即使不安全大家也放心的话,就非常危险了。之前的福岛第一核电站事故有这样一个情况,核电站相关人员都很安心(放心),他们没有假定大海啸来袭。作为科学家,我认为"比起安全更希望安心(放心)"这样的想法有问题。虽然在社会安定方面这是非常重要的。不过我认为轻视安全的安心(放心)绝对不是一件好事情。

只要使用核裂变能量,在核反应中就会产生大量的放射性物质,不管如何努力,都会存在某种程度的危险性。该危险性比我们所用的很多其他的装置、机械要小得多。至此我们说明了核能的安全性能。首先是风险的说明方法,与其说更安全不如说风险更小。需要常常保有危险意识,比日常接触的其他风险要小难道就能放心吗? 这次福岛第一核电站事故,是一个很大的疑问,这样的说法是不是已经不成立了呢?

重大事故的安全性,不是用概率表示,可能还是需要确定的结论。影响较小的事故,可以用概率处理。如果是影响非常大,导致很多人死亡的事故,就需要开发绝对不会发生事故的原子核反应堆。Q58将要说到的固有安全反应堆就潜藏着这种可能性。

核废弃物的处理是怎么样的呢？

原子核反应堆中产生放射性物质。放射性物质必须进行封闭防止泄漏到环境当中。同运转中相比，运转结束之后的放射性物质的关闭就比较简单。不过周期会变得非常长，这也是一个问题。在燃料循环的说明（见图34-1、图34-2）中我们就现在所考虑的几个循环进行说明。不管是哪一个循环，最终都将废弃物埋入很深的地下，这也称为地质处置。

核能从开始开发的时候，就被称作没有卫生间的公寓。不过废弃物的处理是核能利用的最后一步，所以实行时间可以放在后面，处理技术同原子核反应堆、浓缩相比更加简单。一般认为在接近实际需要的时候再进行开发也来得及，真正的研究开发比原子核反应堆、浓缩、再处理要晚得多。人类无法实现废弃物的半永久管理，这时要么扔到一般环境中，要么埋入地下。丢弃的费用，一般比产品的价值要低得多。我想核能开发是不是也有这样的想法呢？

美国作为轻水反应堆的开发国，现在运行了更多的原子核反应堆，正如我们之前说过的那样，采用一次通过非循环方式的燃料循环，将使用后的燃料直接进行地质处置。1971年开始寻找最终处理场所，1982年议会制定了"核废弃物政策法"，1986年基于此选定了3个候补地，第二年从中选择内华达州尤卡山为候补地。不过由于比较靠近地震断层，而且地下有丰富的地下水，所以反对运动比较强烈，最近奥巴马总统决定全面重新评估。芬兰也计划将使用后的燃料直接进行地质处置。不过经过1983年政府的废弃物管理目标相关决定、1987年核能法的全面修订，2000年在奥尔基洛托建造了最终处理厂。进度稍微有点慢，不过也是在同国民意见保持一致的同时切实推进的。

现在，在世界上大力推进核能的法国，采用的是再处理方式，关于伴随着再处理产生的高级别或者长寿命的放射性废弃物的管理对策，也计划进行可逆性的地质处置。所谓可逆性的地质处置，就是分阶段进行处理，各阶段都可以变更处理厂的设计或者回收废弃物等，是将选择权留给后代的一种弹性的处理概念。

俄罗斯基本上也使用再处理的燃料循环方式，而且在再处理设施的高放废液的处置方面，也发生过很多问题。现在正在进行玻璃固化地质处置方向的技术开发，国家不同所采用的开发方法也各不相同。

现在日本所考虑的核废弃物的处理方法，正如我们已经说过的，将再处理设施的高放废弃物进行地质处置。其概念如图55-1所示。在地质处置中，将高放废弃物玻璃化，并将其融化在被称为茶罐的不锈钢制的坚固容器内，之后进行固化。这被称作玻璃固化体。玻璃固化体经过30年到50年的临时储藏之后，封入被称为第二层包装的比较厚的金属容器内，在将其周围用防水土等缓冲材料包裹之后，将其埋入数百米深的地下。

玻璃固化体、第二层包装、缓冲材料被称为人工屏障，一般认为可以将放射性废弃物封闭大约1 000年左右。之后在失去封闭功能之后，周围的岩盘会阻止放射性物质冒出地面，这被称为天然屏障。为了确保地质处置的安全性，人们使用被称为人工屏障和天然屏障的多重屏障方法。原子核反应堆中的放射性

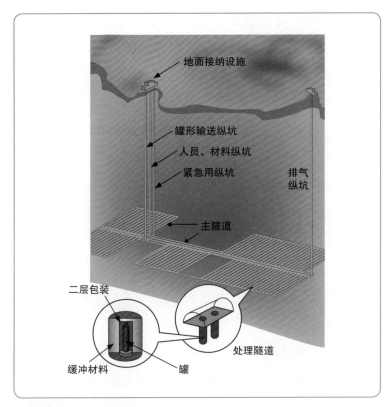

图 55-1 地质处置的基本结构

物质的封闭也是用多重屏障,这里用的是同样的方法。

在原子核反应堆所产生的放射性物质中,半衰期比较短的,在运转过程中出现事故的话是非常严重的问题,不过作为废弃物时,由于其马上就会消失所以算不上什么问题。由于人工屏障能够将放射性废弃物封闭大约1 000年左右,所以一般认为,半衰期低于数十年的话,放射性的毒性就会下降到一个很低的水平,不会出现什么问题。

这样的核素有半衰期为29年的锶90(^{90}Sr)以及半衰期为30年的铯137(^{137}Cs)。不过这些核素也有人认为半衰期比较短,放射性也比较强,生热量比较大,不能放入地质处置的玻璃固化体中。这些核素都是裂变产物,半衰期短的重要的裂变产物的半衰期会突然达到10万年以上(关于具有代表性的裂变产物,其收率和半衰期的关系如图55-2所示)。所以,这些裂变产物的毒性是非常小的,同原来的铀处在一个相同的水平。可以认为是没有问题的核素,不过这几个核素容易融入地下水,冒出地表的概率也高,所以在进行地质处置的时候,应该就这些核素在地中的移动进行更多的分析研究。

在没有核裂变的核反应中生成的锕类元素会进行α衰变,释放的毒性是非常强的,而且有很多是长寿命的核素,这是一个问题,不过已经得到一个结论,其难以溶于水,自然屏障能够将其很好地封闭。

放射性物质是如何冒出地表的呢?关于这一点人们进行了大量的研究,结果是通过计算存在于地表下几万年内的风险

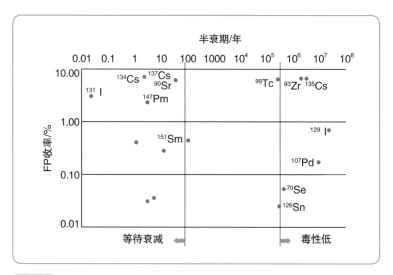

图55-2 有代表性的核裂变产物的收率和半衰期

是非常小的。不过如果人类挖掘的话就会有风险。实际上选择地质处置的候补地是非常辛苦的。

我们已经说过法国计划进行可逆性地质处置，日本经过一段时间之后，为了提高废弃物和生活圈的隔离性，计划回填，用适当的材料将处理时挖掘的竖井填埋。

这样，现在不管哪个国家都在进行地质处置，不过有研究表明，如果将锕类元素放入原子核反应堆中的话，不久就会核裂变，所以如果放置不管的话就会消失。这里的问题是，无法仅仅将锕类元素放入原子核反应堆中。即不管采用什么办法，裂变产物都是在一起的，其会吸收中子恶化临界特性，反过来提取出来的裂变产物中带有锕类元素，会泄漏到外面。所以还有待于今后的进一步研究。

关于长半衰期的核裂变产物中，泄漏到地表危险性比较高的物质，可以使其吸收中子进而消减。不过由于这些核素不进行核裂变，所以原子核反应堆的设计就非常困难。还有，也需要分离同位素以单独提取问题核素。

Q56 信息公开是到什么程度呢？

不同信息会导致不同状况的发生。考虑到外部的不法行为，信息太过公开的话，也会产生问题。这有点类似企业机密，所以不能够公开所有的信息。核能存在核扩散、核劫持等问题。核燃料以及核武器相关的知识和物质也处于特别严格的管理状态。所以与此相关的信息都是高度机密内容,只有一部分相关人员可以知道。相关人员少的话会容易出现管理不善的问题,不过IAEA以及政府机关会进行严格的监察。

有很多人担心核能信息的公开,这一点可以理解。文殊事故中隐藏现场录像是个严重的问题。推进动-燃事业团(动力堆-核燃料开发事业集团)更名之后再次启动。东京电力修改数据,导致之后原子核反应堆运转率下降。这里信息公开成了问题,同一开始所说的核扩散、核劫持的机密内容不同。在企业伦理或者是社会责任这个意义上来讲,是非常严重的问题。动燃和东京电力进行了深刻的反省并尝试变革,让我们拭目以待吧,不过同时需要经常进行严格的监视。

不管是研究人员还是普通人都能够理解"人为失误"与"机械故障",这一点非常重要。说一些我们绝对不犯错、绝对不出现故障之类的话,并声称不接受不绝对安全的原子核反应堆,之后再进行隐瞒的话,这可能会导致更加严重的事态。如果告知具体的问题点的话,社会或者国家的处理会更适当吧,会更容易开发出优秀的核能系统。

现在国家或者推进事业者正积极地推进信息公开,以使人们理解核能设施的安全性。还有一些会议的资料也通过网络进行公开。不仅仅公开会议内容或者相关资料,核能委员会甚至进行宣传收集提案的活动,广泛听取意见。特别是发生问题的时候,举办特别说明会,通过网络进行说明,让国民对事态有个广泛的了解。

不过,正如我们所说的不可能是彻底的信息公开。相关人员的表现非常重要,需要外部进行严格的监视。

第 4 章

核能与人类的
未来

再启核电站的呼声高涨，因为将来先姑且不论，有很多人认识到这是目前所不可缺少的能源。那么，不能做出更加安全的核反应堆吗？我们必须要利用核反应堆会到何时为止呢？我们把这些问题做统一解答。

Q57 不能生产更安全的原子核反应堆吗？

我先下结论，是可以建设的。即使是现在的原子核反应堆延长线上的原子核反应堆，如果不考虑发电成本的话，可以建设出更加安全的原子核反应堆。

可是"需要更加安全的"这一要求，会引起某种混乱。现在的原子核反应堆是在"十分安全"的条件下得到许可进行建设、运行的。问题是十分安全以上的安全是否有意义、是否有必要。这里的十分安全是什么情况呢，也是一个问题，与其说是定义，倒不如说是商定的结果。商定是什么情况呢？也有问题。这里引入我们之前说过的风险，我们经常这么说，比如说某输出功率的原子核反应堆，发生堆芯融化这样的大事故的概率是某值，比方说是100万年1次以下（即10^{-6}年以下）。

安全定义的方法大致与此相同。如果提出这样一个问题，将我们到目前为止所控制的10^{-6}以下的概率降低到更小的概率，可以建设出满足这个条件的原子核反应堆吗？就会得到这样一个答复，是可能的。不过，我们要在目前所约定的安全制约条件下尽可能地建设发电成本低的原子核反应堆。现在也能够马上建设提高安全性的原子核反应堆，不过最终的发电成本也确实会变高。现在的原子核反应堆被确认为安全的，就会有这样一个疑问，在这种情况下有必要再建设更加安全、价格更高的原子核反应堆吗？

如果是价格比现在的原子核反应堆更便宜，安全性能比现

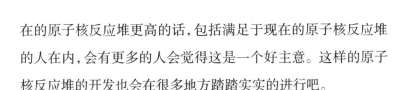

在的原子核反应堆更高的话，包括满足于现在的原子核反应堆的人在内，会有更多的人会觉得这是一个好主意。这样的原子核反应堆的开发也会在很多地方踏踏实实的进行吧。

如果正确评价风险的话，同核能之外的风险相比，核能的风险是非常低的，不过到底有没有正确的评价呢？可能有些人会主张"更加安全的原子核反应堆"。福岛第一核电站事故的风险没有正确的评价。重新进行评价，如果现在的风险评价中有漏洞或者错误的话，应该能够修正吧。同时评价过程中，发现的问题点应该在实际的原子核反应堆中进行改善。

到现在为止，我们对这样一种情况进行了说明，即通过对现有原子核反应堆中进行改良提高原子核反应堆的安全性。不过，现有的原子核反应堆已经经过了很长的时间才进行改良的，仅仅是小范围的改良。如果希望进行较大改良的话，现在的原子核反应堆就会发生很大变化，只能建设创新的原子核反应堆。不过由于这样的原子核反应堆的开发要花费大量的费用，虽然世界各地都正在进行调查研究，但依然没有进行真正的开发。

在进入创新原子核反应堆的话题之前，我们说下关于安全的令人苦恼的话题。日本的原子核反应堆都是进口国外的，即使说是国产的，也是将进口产品改良为日本方式的国产。不过只有1个可以称得上是纯粹国产的原子核反应堆。这就是京都大学原子核反应堆实验所的KUR1原子核反应堆。这是研究反应堆，同发电反应堆有很大的区别，不过这是真正的国产原子核反应堆。负责其设计、建设、运转的柴田俊一先生很喜欢和年轻人谈话，我也经常听到先生的经验之谈。其中共同的一点就是"墨菲法则是正确的"。即"具有失败可能性的东西,会失败的"。我听了很多先生的失败谈。一直会被提醒不知道会发生什么事情,研究反应堆同核电站不一样,事故或者故障的影响都比较小。尽管发生了很多的失败,不过没有一个人受到重伤或者生病。

从文殊事故到JCO事故,我一直担任日本核能学会的安全调查专门委员会的调查主任或者干事一职。委员会的座右铭就是"从事故中学习"。成为话题的事故,越调查越深奥,能够学习的东西也很多,在某些确定的地方会出现人类的失误。而且,这些失误和人类的本质有关,只要让其简单修正一下,就可能不会出现这样的失误。即便如此,日本所发生的文殊事故、JCO事故,在专家看来,都是极其初级的失误引起的事故,都会让人质疑日本的核能水平。关于福岛第一核电站事故,本质原因是什么呢? 同人类有什么关系呢? 我想现在我们明白了。

如果以墨菲法则的"人是会犯错的、机械是会出现故障的"为前提的话,带有大量放射性物质的原子核反应堆应该是什么样的呢? 我想我们现在需要再考虑一下了。

Q58 固有安全堆是什么样的原子核反应堆呢?

TMI核电站事故之后,在美国开始了这样的讨论,即难道没有绝对不发生此类事故的原子核反应堆吗? 固有安全反应堆的竞赛由此开始。通过竞赛决出了2个反应堆,分别是比轻水反应更安全的 PIUS 反应堆以及通过将高温气冷反应堆小型化，成功大幅度提升安全性能的模块化高温气冷堆。之后将模块化高温反应堆的想法引入快堆，小型快堆登场。每个反应堆都使用各自固有的方法，如果要说是如何达成固有安全的话，需要对各个原子核反应堆分别进行说明。在这之前我们简单说一下固有安全反应堆的共同点。

固有安全反应堆有很多种类。一般被称作固有安全反应堆的原子核反应堆，即使发生诸如拔出控制棒达到超临界状态，泵停止后堆芯无法冷却，冷却剂没有了等事故，也不需要进行诸如往堆芯插入中子吸收剂，启动备用泵，从外部注入冷却剂等特别的操作。这些原子核反应堆在发生事故的时候，温度变高，通过负反馈中子增殖系数降低，输出功率或者停止或者变得非常小。不过即使原子核反应堆停止了，衰变热也会继续产生。但是，这种程度的输出功率，即使泵停止了也可以除热，温度上升到一个适当的安全的地方会停止。

像这样，不依靠特别的机器或者是操作员的操作，自然达到安全状态，这种安全被称为被动安全。固有安全反应堆引入这种被动安全。事故发生的时候，人类冒失操作的话，情况可能会变得更加糟糕。我们知道这种原子核反应堆的设计是可以实现的，小型化之后输出功率会减少需要进行特别设计，这样会增加经济成本，所以还不能作为商用反应堆进行推广。

下面我们就每个固有安全反应堆进行说明。首先是改良 PWR 的 PIUS 反应堆。如图 58-1 所示，含硼素的水池中放入 PWR。原子核反应堆容器的上下设计为蜂巢（蜂巢状管群）结构，连接堆芯冷却水和水池中的水。正常运转时，原子核反应堆

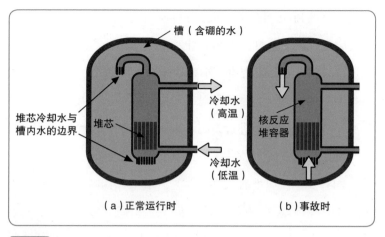

图中标注：
- 槽（含硼的水）
- 冷却水（高温）
- 堆芯冷却水与槽内水的边界
- 堆芯
- 核反应堆容器
- 冷却水（低温）
- （a）正常运行时
- （b）事故时

图 58-1 PIUS反应堆的被动安全功能

容器内和水池中的压力保持平衡，这个阶段水是不流动的，两者中的液体也不会混合。不过事故的时候，这种平衡被打破，水池中的水进入堆芯。由于水池中的水含有硼素，所以，原子核反应堆会确保停止。还有，水池中的水量非常多，可以充分冷却衰变热。不过，水池中的水量也不是太多，在很多设计中，水池容器都是使用施加了压缩应力的厚的混凝土制造的。所以，整体上来说是非常大的，所以超小型的原子核反应堆，也有将水池容器设计为钢制压力容器的。

另一种类型的固有安全反应堆就是模块化高温气冷堆，是高温气冷反应堆的一种。原子核反应堆的概略图如图58-2所示。图中展示了最初提案的球床反应堆，还有之后提案的基于相同原理的块状反应堆两种形式的高温气冷反应堆。这个图只画了原子核反应堆部分，不过冷却剂氦的目的地、蒸汽发生器或者其他的热交换器或者汽轮机等都要考虑。关于高温气冷反应堆我们在"Q38：原子核反应堆是否用于发电之外

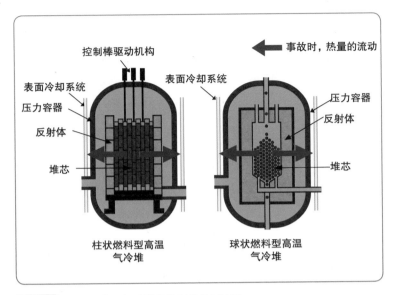

图 58-2 模块化高温气冷堆事故时的热量流动

呢?"中已经说过,是以包覆型燃烧颗粒(见图 38-2)为燃料,
以石墨为慢化剂,以氦为冷却剂的原子核反应堆。用气体作
为冷却剂进行使用的原子核反应堆的一个比较大的问题就是
减压事故。1970 年初期通用核能公司售出了很多高温气冷反
应堆,不过这时的高温气冷反应堆的压力容器是被施以压缩
应力的较厚的混凝土制品。一般认为混凝土出现裂纹会引起
减压事故的发生。由于施加了压缩应力,只要能封闭缝隙,减
压马上就会停止。大致就是出于这个原因,混凝土才被用于
制造这个容器的吧,不过混凝土的状态或者寿命必须要进行
仔细的检查。

　　与此相对,作为固有安全反应堆登场的高温气冷反应堆
比之前的产品都小,而且压力容器也是钢制容器。人们认为
这个反应堆"容易漏气,虽然尽可能地阻止其漏气,但还是没

有办法阻止。"如果漏气的话,就丧失了冷却功能,堆芯的温度会上升。负反馈起作用,原子核反应堆停止,虽然停止了,衰变热仍然继续产生。堆芯是由大量石墨组成的,热容量比较大,具有优异的高温完整特性。堆芯温度继续上升,同原子核反应堆表面的温度差较大,就会有很多热量泄漏到外面,不久就达到热平衡。这时的温度要严格控制,确保包覆燃料得以保持完整性的温度。为了将包覆燃料的温度控制在这个温度之下,堆芯要做细,使压力容器和石墨反射体接触,热量就容易泄漏到原子核反应堆的外面。还有,在原子核反应堆外面,泄漏出来的辐射热通过表面冷却剂的自然循环被输送到建筑物外面。

依赖于能动安全机器的大型原子核反应堆,无法通过模拟事故之类的试验对其安全性进行实证。所以,要通过计算我们之前说过的风险来表明其安全性。为了证明计算的正确性,需要以分析方法、使用的各数据的正确性的理论以及各种数据为基础进行证明。而固有安全反应堆的设计是,即使是发生非常严重的事故,原子核反应堆也不会受到损伤,也可以通过实验来进行实证。

比如在福岛第一核电站事故中,所有的泵都停止了,堆芯无法冷却导致重大事故。现在运转的大型原子核反应堆,无法尝试停止所有的泵。而固有安全反应堆就可以通过停止所有的泵来确认会发生什么情况。日本核能研究开发机构有1座高温气冷反应堆准备要进行这样的实验,我们很期待也会关注其动向。如果进行几种这样的实证实验的话,我想就会提高对原子核反应堆的可信度。

原子核反应堆不能建在地下吗？

可以建在地下。不过我们从提问的方法来考虑，即一般会认为建在地下比较安全，可是您会问"为什么不这样做呢"。那么让我们稍微谨慎认真考虑下实际上是不是安全的。

如果建在地下的话，同地上相比，针对飞机等飞行物的安全性会提高。不过，一般我们所考虑的起因于机器故障或者人类失误的事故的频率不会发生变化吧。我们再想一下发生事故之后的应对。我们已经说过在事故时要切实执行的三个操作"停止原子核反应堆、冷却、封闭放射性物质"。这时会怎么样呢？关于停止反应堆可以认为地上与地下没有什么不同。关于冷却，地下没有向周围散热的有效流体，会变得困难。关于封闭，确实由于屏障变厚了，封闭也变得容易了。但是如果有散热通道，放射性物质也可能泄漏到这个地方，所以需要注意。这样一来，建设在地下，有好处也有坏处，需要慎重讨论。

在地下建设大型的原子核反应堆，比较困难，也需要花费大量的成本。现在大型原子核反应堆全部是建设在地上的。研究型反应堆等小型反应堆非常安全，所以也是建设在地上。固有安全反应堆一般是小型的，由于小型反应堆容易建设在地下，所有也经常有这样的提案。我不知道日本是否需要，不过处于攻击范围内的带有危险性的原子核反应堆建设在地下的可能性比较高吧。

有快堆的固有安全堆吗?

之前说过的轻水反应堆和高温气冷反应堆的固有安全反应堆揭晓之后,快堆的固有安全反应堆也揭晓了。原理同高温气冷反应堆的固有安全反应堆相似,不过没有石墨那样的大的热容量,取而代之的是通过冷却剂的优良的传热特性,将衰变热输送到原子核反应堆的外部。将热量输送到原子核反应堆外部,小型反应堆比较适合,也有几个提案关于小型固有安全快堆的。

我们再进一步追加快堆的安全性相关内容。我们说过冷却剂空泡系数为正的话对快堆的安全性来说是一个很大的问题。如果是小型反应堆的话,空泡发生的时候,中子容易泄漏的效果更加明显,临界性向不好的方向发展时,堆芯特性会发生变化。所以小型快堆是需要提高安全性的快堆。

迄今为止的核能发电都是大型的,安全性较高比较容易接受,所以在日本一部分地区也进行建设,通过输电网向用电比较多的地方输送。在日本,布满了输电网,通过这样的方法可以向日本大部分地方输送电力。不过世界上有很多孤立的地方,无法从大型发电站用输电线向这些地方输送电力,好在这些地方用电量比较少,只要有个小型的反应堆就足够了。索性建设一个能够长期运转的发电站,如果可以的话,就像图60-1所示那样,不更换燃料,直接更换原子核反应堆。燃料更换比正常运转更加危险,包含很难的技术。如果能够省掉这样的操作的话,就会一下子成为容易运转的原子核反应堆。从这个想法出发,开

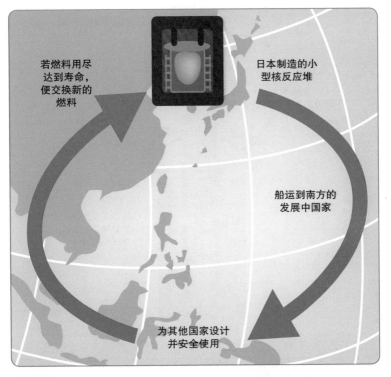

若燃料用尽达到寿命，便交换新的燃料

日本制造的小型核反应堆

船运到南方的发展中国家

为其他国家设计并安全使用

图60-1 在日本制作长寿命小型固有安全堆在南方偏远地方使用

始研究超小型、超长寿命的原子核反应堆。同热中子反应堆相比，快堆的η值比较高（参照图29-1），所以其转换率比较高，容易设计出长寿命的反应堆。以IAEA为首的世界上很多研究机构都在进行关于长寿命小型固有安全快堆的设计研究。

我们介绍几个这样的原子核反应堆。第一个例子如图60-2所示，是钠冷却金属燃料快堆4S。该反应堆是由电力中央研究所和东芝开发的。堆芯非常细，中子经常泄漏。堆芯较高方向的一部分用反射体包裹，而且该反射体可以向轴方向移动。将被反射体包裹的堆芯部分泄漏出来的中子反射回堆芯，达到临界状态。一开始，反射体位于堆芯的最下方，随着燃烧的进行移

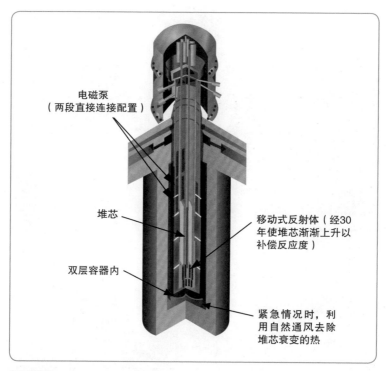

电磁泵
（两段直接连接配置）

堆芯

双层容器内

移动式反射体（经30年使堆芯渐渐上升以补偿反应度）

紧急情况时，利用自然通风去除堆芯衰变的热

图60-2 钠冷却小型长寿命快堆4S

动到上方。通过这样的操作，堆芯的燃烧部位也向上移动。使用这样的方法，只要增长堆芯就能设计出任意长寿命的原子核反应堆。

对于各类事故，即使没有人为操作，4S也能够自然停止反应堆、除热。不过由于使用了钠，是不是也会产生很多问题呢？下面我们介绍取代钠使用铅或者铅铋作为冷却剂的小型长寿命快堆。铅或者铋的原子核比较大，散射截面比较大，因此在小型反应堆中比钠更容易封闭中子，所以也容易设计小型反应堆。

图60-3是我们在三菱集团的支持下所设计的小型长寿命快堆（LSPR）的概念图。电气输出功率为53 MW，原子核反应

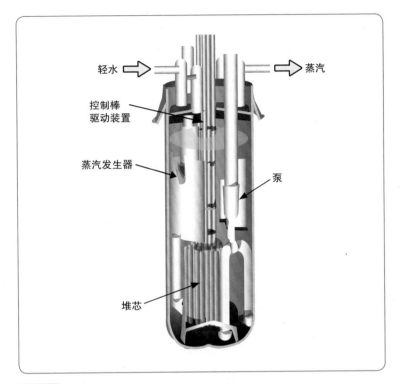

轻水　蒸汽

控制棒
驱动装置

蒸汽发生器

泵

堆芯

图60-3　铅（或铅铋）冷却小型长寿命快堆LSPR

堆容器的直径大约为5 m，高大约为15 m。铅或者铋都不会同水发生剧烈反应，所以将蒸汽发生器放置在堆芯中。连续十年以上，将剩余反应性的变化控制在1%以下，而且将全堆芯冷却剂的空泡系数维持在负的状态。这些性质同铅铋较大的自然循环力、小型的性质等相互作用，即使发生了误拔控制棒、泵停止等事故，仅仅通过被动机械装置，燃料就会无破损终止反应。

俄国也在积极开发使用铅或者铅铋作为冷却剂的快堆，目前正在研究开发电气输出功率为100 MW的铅铋冷却快堆SVBR以及电气输出功率为300 MW的铅冷却快堆BREST，力图在不久的将来投入建设。

这些固有安全堆可以叫做增殖堆吗？

小型反应堆我们已经在CP-1的说明中进行了说明。不过由于中子遗漏比较大，临界状态难以维持，所以这里介绍的小型快堆的临界状态也需要努力维持，中子并不富余，无法增殖。如果希望将核能使用数千年、数万年甚至是更长时间的话，仍然需要考虑使用快堆增殖。这是为了减少中子的遗漏，必须做大堆芯，提高增殖率需要很大的堆芯。不过不管什么时候都需要持续增加可裂变物质。由于地球的资源有限，人口、能量消耗量全部都要达到一个固定的值。现在我们已经在担心地球变暖的问题，一般认为这样的能源消耗量的固定值会来得更早。这时，快增殖堆不再是必要的了，只需要根据自己所消耗的量重新生产可裂变物质就足够了。

我们介绍一个这样的原子核反应堆，就是笔者所研究的CANDLE反应堆。

在普通原子核反应堆中，正如我们已经说过的那样，伴随着原子核反应堆燃料的燃烧，要慢慢地拔出一开始放入堆芯的控制棒，使原子核反应堆一直保持在临界状态。而CANDLE反应堆，不需要这样的控制棒。如图61-1所示，燃烧区域的核素、中子束、输出功率的空间分布不会随着燃烧改变形状，而是沿着轴方向以同输出功率成比例的速度移动。燃烧区域的核素分布完全没有变化，只是沿着轴方向移动，所以一直刚好处于临界状态。燃烧区域达到堆芯下端的话，就会拆除上部形成的已燃烧

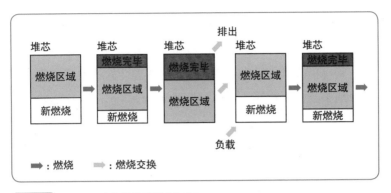

图61-1 CANDLE堆的燃烧和燃料更新

区域,将贫铀作为新燃料插入下部。这同燃烧开始前的堆芯一样,之后同前面一样继续燃烧。变更输出功率也不使用控制棒。通过改变冷却剂的温度和流量改变输出功率。原子核反应堆的停止是通过移动燃料进行的。

我们来介绍下CANDLE的优点吧。前面已经说过核能的问题有核武器的使用、安全、废弃物等,这是能源共同的课题。下面我们加上资源问题对CANDLE的优点进行简单的说明。

1)操作简单安全

(1)不会发生运转过程中误拔操作棒的事故;

(2)输出功率分布和原子核反应堆特性不发生变化,运转非常简单,可靠性高;

(3)新燃料是天然铀或者贫铀与钍的混合物,运输或者储藏安全简单。

2)能够抵御核扩散

不需要制造原子弹所需要的最重要的技术浓缩或者再处理。

3)废弃物的体积少

(1)每单位体积的负载燃料为轻水反应堆燃烧所产生能量

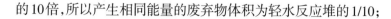

的10倍,所以产生相同能量的废弃物体积为轻水反应堆的1/10;

（2）废弃物的管理比较容易;

（3）将来可以从废弃物中去除没有毒性的核裂变产物,放入原子核反应堆,消灭毒性高的核裂变产物,这时不需要新的可裂变物质。

4）可以有效利用燃烧

（1）燃料为在天然铀或者贫铀中稍微混入钚的燃料,可以利用40%;

（2）利用效率为轻水反应堆的50倍以上;

（3）如图61-2所示,使用轻水反应堆运转40年所残留的贫铀,可以运转2 000年。

概括以上内容,我们的CANDLE反应堆同时解决了核能的4个课题,即持续性、安全、废弃物、核扩散,是极有可能实现（主要是材料）且又经济的原子核反应堆,不过还需要再进一步研究开发。最近也有很多基于同该反应堆相似的想法的新的原子核反应堆被提了出来。

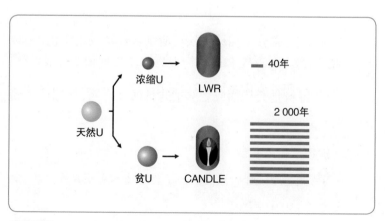

图61-2 继轻水反应堆后的CANDLE反应堆的利用顺序

174

核能需要使用到什么时候呢?

人类的未来是什么样的呢? 核能需要使用到什么时候呢? 这比前一个提问更难回答。不过,我们可以说说下面的事情。

将来,可再生能源会成为便宜、值得信赖、容易使用的能源。如果仅此就能够供给所有的能量需求的话,如果人类将地球的命运同自己的命运联系在一起的话,可能就不需要核能了。

什么时候可再生能源能够成为便宜、值得信赖、容易使用的能源,仅此就能够供给所有的能量需求呢? 这还不清楚。要是地球上的人口比现在少得多的多,全部消耗能量也变少的话,能够供给所有需求的可能性才会变大吧。

不过即使到了那个时代,核能也很有可能变得方便、便宜,人们可能会发挥核能高密度能源的优点,比之前更好地利用核能吧。

另外,不管使不使用核能,铀的管理都要比现在严格。如果完全不使用核能的社会,忽略铀的管理的话,可能会导致核武器的非法制造。随着技术的进步,从海水中提取铀变得很容易,管理可能会变得非常困难。

现在一般的想法应该是人类当然会将地球的命运和自己的命运联系在一起。在遥远的未来,技术非常发达的话会变成什么样子我也说不清楚。

地球上人类的一个共同命运就是巨大陨石撞击地球,导致人类灭亡。不过如果使用核能的话,可以修正陨石的轨道,可能

会避开撞击,这样人类的寿命会变得非常长。

尽管进行很多的努力,最后地球还是会被太阳吞没结束一生。这样,人类就不能在地球上居住了。粗略地说,这是50亿年之后的事情了。在那之前,人类可能会具备脱离地球的能力。如果真是这样的话,我想其能力的重要部分就是通过对核能的高度利用所获得的。在离开太阳的宇宙中,只有核能是可以利用的能源。从资源上来考虑的话,"核燃料足够吗?"对这一提问的解答,我已经说过如果考虑到海水中的铀的话,可以使用80万年,将海水中的重氢通过核聚变进行利用的话,能源供给的持续时间可以超出地球寿命以上。如果再考虑到宇宙,存在大量的重氢,只要技术够发达,似乎就不需要担心资源了。

究竟使用核能还是不使用核能,以后由人类自己进行判断。

假如说要是可以搭乘类似时光机的机器访问遥远的未来世界的话,你想看到哪一个社会呢,我还是希望看到不使用核能的世界。

我想如果地球上的人口极端减少的话,那么人类仅仅依靠可再生能源就能够维持生存。在这样的社会中,唯有持续才是目的,发展会带来灭亡,科学技术的研究很可能被限制,至少我是一直这么认为的。在陨石撞击或者地球寿命已尽前,人类一直继续生存到最后,最后就是寿终正寝、自然灭亡吧。

以发展为目标的社会会怎么样呢?我感觉麻烦会比刚才讲的情况还要多。不过如果能够度过这一困境的话,生活的空间就会扩展到宇宙中,即使地球灭亡也可能继续发展。这时,核能是不可缺少的。"未来永远发展",究竟是什么样的场景呢?完全无法想象,不过我希望人类朝着这个方向发展。这样的话,我也希望乘着时光机看到未来的样子。

后　记

　　在本书出版之际，不禁由衷地一阵感慨，本书终于成功出版问世啦。

　　由于science·eye新书出版社没有关于核能方面的书籍，5年前甚至更早时我就接受了写作请求。当时我在东工大执教，全力集中在一个被21世纪COE工程采纳的名为"支撑世界可持续发展的革新的核能（COE-INES）"的研究项目上。其间我为了能够向社会表达其理念与内容，在我的主页上写了一些关于核能的文章。正因此，有人看到后便找来并拜托我写书。接受委托时，被社会认可是当时项目最大的要求，现在想来可能那时就应该排除万难执笔这本书，然而当时的我比起核能的安全问题，更多考虑的是让人们放心，在那种状态下，我并不想从头到尾都写支持核能发电的书，并且当时确实很忙，便回复说等项目结束后再写。然而项目结束后却又由于大学的重点项目——革新的核能研究中心的成立，作为负责人继续忙碌了一阵，结果一直等到从东工大离职后才真正开始着手这本书。然而这次离职却正好与福岛第一核电站事故赶在一起了。首先就担心出版社那边会不会有变动，于是便主动联系过去。加之正好搬家去了美国，因而并没有得到及时的反应，当时不免有些担心。不过稍过一些日子,写作工作就顺利地进展开来,直至今日。

由于COS-INES是21世纪COE工程唯一一个核能相关的工程,因此我认为周围很多人都期望我们能够减少普通民众对核能的担忧。作为在大学里研究核能的我来说,构想将来的理想核能,解决现有的一些问题是自己的本职工作。于是为了让读者更了解核能而尽可能地做了一些努力,然而并未在意其内容是否能使读者放心,就这么一气写了过来。令人惊讶的是,相当多的一般人都饶有兴趣地在听我讲解,我猜测很多人都这样想,"想知道究竟是怎么一回事,尽量多学一些学问上的东西","就算不完全,在自己能理解的范围内尽可能多理解一些就好"。对于这些人来讲早已在心里决定了要推进还是要反对,如果我为了说服他们推进核能而写一本说明的话就过意不去了。

本书在"前言"已经提到会将科学作为重点来讲核能。然而并不代表仅仅讲自然科学。COE-INES已经领先其他大学的原子核专业或核能专业,将伦理或社会认可等问题纳入课程中,深层探讨技术与人类的关系。因为这样的努力可能会使核能更加的安全。然而,人类总是会犯错的,COE-INES正在为此研究构造更加安全的核能系统,即出现事故时,即便不依赖人类也可以确保安全的核能系统。本书将我在研究进展过程中获得的许多知识也做了讲述。

大学有很多的研究人员与老师们,我本人致力于研究更好的核能利用,并且并不认为现在的核能利用是理想的。如果在企业,可能会被赶出来,但在大学是可以自由研究的。因此我是站在这个立场做的刚才说过的项目,在本书中也有记述。即便后来发生了福岛第一核电站事故,也只是增加了一小部分内容,基本没有什么大的改动。纵观周围,很难找到以此立场写的书。在这个意义上,我认为本书是不是可以帮助到很多人呢。

在"前言"也曾提到,即使现在原地踏步,将来人类仍然是要使用核能的。考虑到其格外强大的能力,是不可能做到永远不使用的。若是这样,不如更加细致地研究核能所存在的问题,构建更完善的核能系统。在这个意义上,更应该认真进行核能的研究。现实中,即使是不使用核能的发达国家,也都在进行核能的研究,因此我希望更多的年轻人能够理解核能的科学。

说实话,本想写一些关于创新核能的内容,但编辑人提醒我太专业的内容有些不妥,于是本书只涉及了一小部分。创新核能无论对于推进派还是反对派,都是不受欢迎的内容,推进派或反对派出版的一些面对大众的书籍很多,却没有面向一般读者的关于革新的核能的书籍。关于这些内容,但愿将来会有机会写出来。

执笔期间,科学书籍编辑部的益田编辑长帮忙做了一个"关于核能,一般读者想知道什么"的调查问卷,关于本书的写法也得到了宝贵的意见。借此致以衷心的感谢。

关本博

索　引